Ringen ums Teufelsmoor

Dieses Buch ist gewidmet:

Dr. Gert Lange,

dem Freund und langjährigen Vorsitzenden
der Ornithologischen Arbeitsgemeinschaft
„Regenfleuter“

Arne Börnsen

Ringen ums Teufelsmoor

Vom Entwässerungsgraben zum Moorschutz

Hrsg.: Förderverein Naturpark Teufelsmoor e. V.

Mit einem Beitrag von Johann Steffens (Oberklenkendorf)

Carl Schünemann Verlag

Inhalt

Vorwort

Arne Börnsen

Die Kolonisierung des Umlandes der Stadt Bremen geht über Jahrhunderte zurück in die Geschichte der Holländer und ihre Erfahrungen mit Entwässerungssystemen. Der Name Hollerland zeugt noch heute davon.

Jürgen Christian Findorff (1720–1792) war es, der die Kolonisation des Moores vorantrieb und das Teufelsmoor bis hinauf nach Bremervörde entwässerte und besiedelte.

Im 20. Jahrhundert änderten sich die Schwerpunkte: Der Landschafts- und Naturschutz trat mehr und mehr in den Vordergrund. Dabei war es nicht mehr vorrangiges Ziel, das Wasser aus der Niederung zu entfernen, sondern dort zu belassen. Seinen Höhepunkt findet diese Entwicklung aktuell aufgrund der Klimaveränderungen: Der Moorkörper ist ein gewaltiger CO_2-Speicher, eine weitere Entwässerung führt zum Fortschreiten der Austrocknung und zur Freisetzung von CO_2. Die Bundesregierung startete deshalb bereits 2020 ein Programm zur Vernässung der Moore, welches jedoch wegen entgegengesetzter Interessen in den Ministerien für Umwelt einerseits und für Landwirtschaft andererseits noch nicht zur Umsetzung kam.

Sobald die neue Bundesregierung nach der Wahl 2021, die „Ampel-Koalition", ihre Arbeit aufgenommen hat, kann mit einer Realisierung des Programms gerechnet werden. Das bedeutet neben der Arbeit an den wünschenswerten Zielen der Klimapolitik jedoch auch eine erneute und tiefgreifende Verunsicherung der Landwirte in der Teufelsmoor-Region. Sind die Bewirtschaftungsbedingungen schon jetzt durch Auflagen des Naturschutzes erschwert, können künftige Vernässungen zu existenziellen Problemen führen.

Dies ist ein wesentlicher Grund, der zu der Idee dieses Buches führte. Einerseits soll die Bedeutung des Naturschutzes nicht infrage gestellt werden, andererseits gilt es, die Menschen zu berücksichtigen, deren Familien über Jahrhunderte die Kulturlandschaft des Teufelsmoores geprägt haben, und sie in den Umgestaltungsprozess einzubinden.

Aus diesem Grund stehen Familiengeschichten von bäuerlichen Familien im Mittelpunkt des Buches: Ihnen soll mehr Beachtung zuteilwerden. Dass die Stellungnahmen der Landwirte eine erhebliche Skepsis gegenüber dem Naturschutz und den damit verbundenen Auflagen zum Ausdruck bringen, darf nicht verwundern, es ist die Realität!

Die Diskussion geht einher mit den Bemühungen um die Gründung eines Naturparks für die Teufelsmoor-Region, von Bremen bis Bremervörde. Schwerpunkt der Naturpark-Arbeit wäre die Durchführung von Projekten, die eine Vernässung zum Ziel haben, aber die betroffenen Landwirte einbinden.

Im Zuge der Naturpark-Diskussion hat sich der Fokus von einer ausschließlichen Betrachtung des Teufelsmoores erweitert und richtet sich nun auch auf die umliegende Geestlandschaft, namentlich der Bremer Schweiz und der im 19. Jahrhundert entstandenen Parkanlagen in Bremen-Nord. Der reizvolle Gegensatz der Kolonisierung des Moores einerseits und des Entstehens der Parks mit den Herrenhäusern für Bremer Kaufleute andererseits wird aufgegriffen.

Typisches Zweiständer-Fachwerk-Bauernhaus der Kulturlandschaft Teufelsmoor, liebevoll restauriert

Verbunden durch die gemeinsame Geschichte: Moor und Geest

Der geplante Naturpark Teufelsmoor mit seiner Flusslandschaft von der Lesum über Hamme und Wümme bis zur Oste bietet neben seinen landschaftlichen Reizen auch eine faszinierende Kulturlandschaft. Einerseits ist da die Landwirtschaft mit ihrer in der Wümmeniederung über Jahrhunderte gewachsenen und überdauerten Struktur, wo Hollersiedlungen den Flussläufen folgen und sich die von Findorff geprägten Siedlungen, von Worpswede über Schlussdorf und Karlshöfen bis Augustendorf und Iselersheim hinauf erstrecken. Der Spruch „Der ersten Generation den Tod, der zweiten die Not, der dritten das Brot" vergegenwärtigt auch heute noch die Mühsal der damaligen Generationen.

Auf der anderen Seite gibt es den attraktiven Siedlungsbereich des nördlichen Lesum-Ufers, welches wohlhabenden Bremern mit ihren Herrenhäusern zur zweiten Heimat wurde. Dafür stehen Knoops Park, Wätjens Park bis hin zum Gut Hohehorst in Löhnhorst und Gut Sandbeck in Osterholz-Scharmbeck. Das Schloss Schönebeck sei dabei besonders genannt.

Untrennbar verbunden ist die Geschichte der Region mit der Kultur. Dies kristallisiert sich in Worpswede und Fischerhude, wo verschiedene Museen und Kunstschauen an die Generation der Worpsweder Maler erinnern. Genannt seien der Barkenhoff in Worpswede in Gedenken an Heinrich Vogeler und das Modersohn-Museum an der Wümme in Fischerhude.

Aber damit erschöpft sich der Reigen kulturhistorischer Erinnerungen bei Weitem nicht: Genannt seien das Overbeck -Museum am Hafen in Bremen-Vegesack, das Vogelmuseum in Osterholz-Scharmbeck auf dem gemeinsamen Areal mit dem Torfkahn-Museum, die Torfkahnwerft in Schlussdorf, das Glasmuseum in Gnarrenburg und andere mehr.

Somit wird deutlich, dass Naturschutz und Landwirtschaft zentrale Handlungsfelder sind und in der Zukunft existenzielle Probleme zu lösen haben. Dabei wird die Naherholung das verbindende Element sein zwischen Natur und Landwirtschaft einerseits und Kultur und Umweltbildung andererseits.

Es gilt, die einzigartige Kulturgeschichte der Region den zukünftigen Generationen zu vermitteln. Ein Element wird die Umweltbildung in der Naturparkschule sein, ein anderes, in dieser Ausprägung durchaus einzigartig, die Kultur von den Worpsweder Malern bis hin zu den Herrenhäusern auf der Geest.

Der Verein – Hintergründe und Ziele

Wir vom Förderverein Naturpark e. V. wollen den Naturraum der Flussniederungen von Lesum, Hamme und Wümme großräumig erhalten. Dazu wollen wir uns des Instrumentes eines Naturparks bedienen, wie er im Bundes- und Landesnaturschutzgesetz vorgesehen ist. Unser Naturraum ist durch den Einfluss des Menschen über Jahrhunderte aus ursprünglichen Naturlandschaften entstanden. Die heutige Vielfalt der Nutzungen hat auch eine Vielfalt an Arten und Lebensräumen entstehen lassen, die einen einmaligen Naturraum aus Flussniederungen mit ehemaligen Niederungsmooren und immer noch großflächigen Hochmooren aufweist.

Die vier Säulen des Naturparks

1. Naturschutz und Landschaftspflege

Naturparke umfassen in erster Linie vom Menschen geprägte Kulturlandschaften. Daher steht das Ziel einer dauerhaft umweltgerechten Landnutzung in Zusammenarbeit mit den Eigentümern und Landwirten im Vordergrund. Durch nachhaltige Land-, Forst- und Wasserwirtschaft sowie durch gezielte Schutz-, Pflege- und Entwicklungsmaßnahmen schaffen Naturparke Voraussetzungen, um charakteristische Kultur – und Naturlandschaften zu sichern. Wertvolle und prägende Landschaftsbestandteile sollen erhalten werden, bei Gewässern wird eine Renaturierung und naturnahe Unterhaltung, bei degradierten Mooren eine Wiedervernässung angestrebt. Voraussetzung für den gesetzlichen Status eines Naturparks ist ein flächenmäßig überwiegender Anteil an Landschafts- und Naturschutzgebieten. Gliederungspunkte und Erschließungsmaßnahmen müssen Rücksicht auf diese Schutzzwecke nehmen. Ein durchdachtes Lenkungskonzept für Besucher dient dem Schutz besonders empfindlicher Lebensräume. Naturparke, die in Anlehnung an Naturräume gebildet werden und somit Verwaltungsgrenzen überschreiten, sind in besonderer Weise geeignet, Maßnahmen des Arten- und

Biotopschutzes in Abstimmung mit den Naturschutzbehörden durchzuführen. Somit besteht auch die Chance, ein auf den gesamten Naturraum bezogenes Biotopsystem zu schaffen.

2. Landwirtschaft und nachhaltige Regionalentwicklung

Die Vermarktung landwirtschaftlicher Produkte aus der Region ist oft mit einer intakten Landschaft verbunden. Naturparke stellen die Kooperationen in der Region in den Mittelpunkt und gewinnen die Menschen dafür, sich gemeinsam für den Schutz der Natur in Verbindung mit einer nachhaltigen regionalen Entwicklung einzusetzen. Die Förderung einer nachhaltigen Nutzung und Vermarktung regionaler Produkte stärkt dabei die Identität der heimischen Bevölkerung und schafft ein Gefühl für Heimat. Die Einführung regionaler Marken kann hier ebenso einen Beitrag leisten wie die Kooperation mit der Gastronomie, die durch spezielle regionale Angebote an Attraktivität gewinnt. Regionale Identität findet sich auch dort, wo kulturelles Erbe gepflegt und erhalten bleibt. Das gilt insbesondere für Worpswede und Fischerhude. Auch Sprache und Mundart sind ein Teil des kulturellen Erbes und Ausdruck regionaler Besonderheiten einer Landschaft. Die Naturparke können durchaus die Rolle von Motoren und Moderatoren für die ländliche Regionalentwicklung einnehmen. Der Raum des geplanten Naturparks ist eine über Jahrhunderte gewachsene Kulturlandschaft, die untrennbar mit den Landwirten verbunden ist. Ohne das Wirtschaften dieser Bevölkerungsgruppe, also der wirtschaftlichen Betätigung mit dem Ziel und dem Zweck der Sicherung der Lebensgrundlagen für die betroffenen Familien, ist die Zukunft der Region nicht denkbar. Die örtliche Landwirtschaft steht wegen der Landwirtschaftspolitik des Bundes und der EU unter zusätzlichem Druck, da naturbedingt ungünstige Wirtschafts- und Einkommensmöglichkeiten vorliegen. Durch den Naturschutz entstehende Konflikte sind hier unbedingt zu vermeiden bzw. durch Kompromisse zu lösen. Dies kommt aktuell zum Ausdruck durch den Versuch, in der Ausweisung von Naturschutzgebieten in den drei Landkreisen, die Ziele der FFH-Richtlinien bzw. NATURA 2000 gemeinsam umzusetzen.

3. Tourismus und Naherholung

Urlaub in Deutschland gewinnt in Zeiten reger Diskussion über den Zusammenhang zwischen Fernreisen und Klimawandel immer mehr an Bedeutung. Naturparke haben hier viel zu bieten: Faszinierende Natur und Landschaft sowie besondere Erlebnisangebote direkt vor der Haustür. Einheimische Bevölkerung und Besucher können in Naturparken auch vieles lernen über Traditionen, Bräuche und kulturelle Besonderheiten.

4. Umweltbildung und Kommunikation

Bildung beginnt mit Neugierde. Und die Neugier auf Natur zu wecken, ist ein Hauptanliegen der Naturparke. Durch eine breit angelegte Umweltbildungs- und Öffentlichkeitsarbeit vermitteln Naturparke Informationen und Zusammenhänge sowohl über Lebensräume und deren Tier- und Pflanzenwelt als auch über Geschichte und Kultur der Region.

2018 ist der Förderverein Naturpark Teufelsmoor von Mitgliedern aus dem Bremer Umland mit dem Ziel gegründet worden, einen Naturpark für die Region der Niederungen der Flüsse Lesum, Hamme und Wümme zu bilden. Heute hat der Verein über 160 Mitglieder.

Wir streben an, noch im Jahr 2022 im Einvernehmen mit den verantwortlichen Stellen des Landes Bremen den Antrag zur Genehmigung des Naturparks beim Umweltministerium in Niedersachsen zu stellen, um im Jahr 2023 mit der konkreten Arbeit beginnen zu können.

Der Blutweiderich setzt farbliche Akzente

Wie es dazu kam: die ersten zaghaften Versuche

Im Januar 2018 fanden erste Sondierungsgespräche statt: mit dem Abteilungsleiter der Unteren Naturschutzbehörde und der Biologischen Station Osterholz. Besonders der Leiter der Unteren Naturschutzbehörde war damals ganz begeistert! Endlich werde die Idee wieder aufgegriffen, die schon um 1990 im Kreis geprüft worden sei, sogar ein Gutachten sei in Auftrag gegeben worden, welches die Eignung der Region als Naturpark bestätigte. Er gab mir das Kreisentwicklungsprogramm und den Landschaftsrahmenplan mit und dazu die Kontaktdaten des Planungsbüros in Hannover, welches das damalige Gutachten verfasst hatte.

Die Unterstützung der Idee „Naturpark" war damit gegeben. Also wurde die nächste Stufe in Angriff genommen, die Unterstützung durch die Kreis-SPD. Gemeinsam mit dem Kreistags-Fraktionsvorsitzenden organisierten wir im März 2018 eine Kreiskonferenz und stellten das Projekt vor, die Fraktion aus der Sicht eines neuen Kreisentwicklungsplanes, ich aus der Sicht des Naturschutzes. Wir hatten eine angeregte Diskussion und, was das wichtigste Ergebnis war, es kristallisierte sich der Kern einer Mannschaft heraus, die den späteren Verein bereits erahnen ließ. Die entscheidende Frage aber war: Wie erzähl ich's meinem Freund, dem Landwirt?

Während eines Besuchs bei unserem Landschaftsgärtner, einem ehemaligen Landwirt, erzählten wir von unseren Plänen. „Oh, das gibt Krach, Landwirte werden neue Auflagen erwarten und auf die Barrikaden gehen."

Also ganz vorsichtig weiter. Wir nahmen Kontakt zu Johann Heumann in Stendorf auf, Land- und Forstbesitzer. An einem Sonnabend im Mai saßen wir bei ihm auf der Veranda beim Tee und redeten über Naturschutz im Allgemeinen und die Zukunft im Besonderen, ohne mit einem Wort den Naturpark zu erwähnen. Herr Heumann war offen und freundlich und gab uns Einblick in die Gedankenwelt eines Land- und Forstwirts. Angesichts der Bestrebungen des Landkreises, den Verlauf der Schönebecker Aue unter Naturschutz zu stellen, beklagte er den in seinen Augen willkürlichen Eingriff in sein Eigentum.

Landwirte, nicht nur in unserer Region, besitzen ihre Flächen meist seit vielen Generationen und haben einen persönlichen Bezug zu ihrem Land und ihrem Eigentum, der von Außenstehenden oftmals verkannt und auch missachtet wird. Landwirte sind nicht generell gegen Maßnahmen für mehr Naturschutz, auch nicht auf ihren Flächen. Aber sie wollen nicht nur gehört werden, sie wollen mitreden und als ernsthafte Gesprächspartner behandelt werden.

Bei kritischer Betrachtung wird man zugeben müssen, dass dieses Prinzip der gleichberechtigten Teilhabe von so mancher Verwaltung nicht berücksichtigt wird. Vielmehr weiß man sich dort am längeren Hebel des Verordnungsgebers und lässt die Betroffenen dies auch spüren.

Johann Heumann und weitere Gesprächspartner aus der Landwirtschaft haben unsere Sensibilität gegenüber der besonderen Situation der Landwirte sehr gesteigert. Wir begriffen mehr und mehr, welche Bedeutung das Eigentum für die Landwirte hat. Von daher sahen wir auch den Widerstand der Bauern im Teufelsmoor gegen die Naturschutz-Sammelverordnung, die 2016 im Kreistag beschlossen worden war, in einem neuen Licht.

Und dann ging es gleich zum selbsternannten „Rädelsführer" des Teufelsmoores gegen die Sammelverordnung des Landkreises. In den Jahren 2015 und 2016 waren überall an der Teufelsmoorstraße Kreuze und Demonstrationsplakate gegen die Eingriffe der Landschaftsschutz- und Naturschutzverordnungen des Landkreises zu sehen. Der Widerstand gipfelte in der Aussage, dass der Landwirtschaft nach Jahrhunderten der mühevollen Kultivierung und der mühsamen Bearbeitung des Torfbodens nun der Garaus gemacht werde.

Beim ersten Gespräch mit Landwirten zum Naturpark prasselten die ganzen gegen die Sammelverordnung gerichteten Emotionen auf uns herab. Von „Behördenwillkür" wurde gesprochen, von den vielen Kreistagsabgeordneten, die sich weder die Mühe gemacht hätten, mit Betroffenen zu reden, noch die umfangreichen Beschlussvorlagen zu lesen.

Zweifellos, es waren Auflagen verabschiedet worden, deren Sinn sich uns nicht erschloss, dass es nämlich den Landwirten untersagt sei, die Wiesenflächen am Hof, die in die Niederung hinausführen, von Fremden betreten zu lassen. Oder dass sie für jede Verfüllung von ausgewaschenen Senken eine Genehmigung beantragen müssten und nicht ohne Weiteres Bäume und Büsche beseitigen dürften.

Manches mag und wird aus Ärger übertrieben dargestellt worden sein. Andererseits kam immer wieder die Angst um die Existenz zum Ausdruck, nicht in erster Linie die eigene, sondern vor allem die der nachwachsenden Generation.

Und es ist zutreffend – in der Ortschaft Teufelsmoor gibt es kaum noch Haupterwerbsbetriebe. Was aber nicht bedeutet, dass die Landwirte im Nebenerwerb weniger mit ihrem Land verbunden sind. Es ist im wahrsten Sinne des Wortes ihr gewachsenes Eigentum. Und dieses wollen sie für die Zukunft bewahren. Genauso wie es auch die Naturschützer wollen. Warum eigentlich sollte dann keine Kooperation zwischen Landwirtschaft und Naturschützern möglich sein?

Kooperativer Naturschutz

Mit dem Vorsitzenden des Bremer Bauernverbandes saß ich am Tisch auf der Veranda in Wasserhorst und erörterte mit ihm und seinem Geschäftsführer die Idee des Naturparks. Ihm waren die Auseinandersetzungen zwischen Kreisverwaltung Osterholz und Landwirten natürlich nicht entgangen. „Ihr müsst von uns in Bremen lernen“, sagte er, „wir praktizieren hier einen kooperativen Naturschutz!“

In den 1960er-Jahren waren sich Landwirte und Naturschützer auch im Blockland spinnefeind. Und die Umweltbehörde strampelte sich ab und bekam doch keinen wirkungsvollen Naturschutz hin. Man blockierte sich gegenseitig, befand sich in einer Sackgasse.

Aber man war nicht blind der Entwicklung gegenüber: So war niemandem gedient, weder dem Naturschutz noch den Landwirten. Und man begann, mehr und mehr auf den anderen zuzugehen, ihn anzuhören, seine Position zumindest zu erfahren, wenn man sie auch nicht immer teilen konnte. Daraus wurden mit der Zeit gemeinsame Projekte, etwa das Prädatoren-Management und das Wiesenvogelschutzprogramm.

Ersteres wurde vom Bremer Jagdverband angestoßen. Angesichts der immer geringeren Wiesenvogelpopulationen wurden die Ursachen analysiert und in der wachsenden Zahl von Raubtieren identifiziert: Füchse, Marder und Dachse dezimierten die Wiesenvogelgelege. Die Konsequenz, das systematische Entnehmen von Raubtieren, wurde von den Naturschützern nur widerwillig getragen, aber doch akzeptiert. Tatsächlich wurde über den Zeitraum des Projektes, welches 2014 begann, ein spürbarer Zuwachs an Wiesenvogelgelegen festgestellt.

Die Zusammenarbeit zwischen Landwirten, Jägern und Naturschützern wird beim Gelegeschutzprogramm noch deutlicher: Besonders schützenswerte Gelege und Horste von Wiesenbrütern, vom Kiebitz bis zur Wiesenweihe, werden identifiziert, markiert und geschützt, um vom Mäher bis zum Spaziergänger Gefahren von ihnen fernzuhalten.

Diese Erkenntnisse haben Kreise gezogen. Ob auf dem Harriersand, in den Fischerhuder Wümmewiesen oder in den Truper Blänken: Die Vorgehensweise trug Früchte und gewann Freunde.

Für die Initiatoren des Naturparks Teufelsmoor haben die Gespräche mit den Landwirten und Jägern in der Region zu dem festen Willen geführt, das Prinzip des „kooperativen Naturschutzes“ für die gesamte Region und den Naturpark zu verfolgen und durchzusetzen. In die Satzung des Fördervereins ist die Formulierung bereits eingeflossen.

Sperber

Rohrammer

Treffen mit der Obrigkeit

Im Sommer 2018 schrieben wir alle Bürgermeister und die drei Landräte an, schilderten kurz unsere Idee und baten um einen persönlichen Gesprächstermin. Reaktionen aus den Rathäusern kamen bald, erste Gespräche mit Bürgermeister Stefan Schwenke in Worpswede und Reinhard Kock in Hambergen folgten. Dann auch mit Torsten Rohde in Osterholz-Scharmbeck und Kristian Tangermann in Lilienthal, schließlich mit Susanne Geils in Ritterhude. Lediglich Marion Schorfmann, Bürgermeisterin in Grasberg, reagierte schriftlich und ablehnend. Ein Naturpark sei aus Sicht ihrer Gemeinde weder erforderlich noch hilfreich.

Zu den Gesprächen in den Rathäusern müssen wir rückblickend feststellen, dass wir bis auf eine Idee wenig Konkretes anbieten konnten. Ja, dass wir in gewisser Hinsicht noch ziemlich ahnungslos waren.

Wir kamen unserer Pflicht nach, über unsere Idee zu informieren, stießen auf verhaltenes Interesse und höfliche Reaktionen. Nach dem Motto: „Mal abwarten, was da noch kommt." Ein völlig verständliches Verhalten. Es war durchaus ein Entgegenkommen, uns immerhin anzuhören.

Von den Landräten kam indes gar nichts. Erst auf Nachfrage wurde mit dem Kreis Osterholz ein Termin vereinbart, im September trafen wir uns mit dem Landrat und dem Dezernenten für Naturschutz. Unsere Idee wurde durchaus positiv aufgenommen – schließlich hatte der Landkreis vor dem GR-Projekt (gesamtstaatlich repräsentativ) ein ähnliches Vorhaben angestoßen, allerdings auf den Landkreis Osterholz beschränkt.

Not amused waren Landrat und Dezernent allerdings über unser gewisses Verständnis für die Landwirte und deren Ärger über Einzelheiten der Sammelverordnung zu den Natur- und Landschaftsschutzflächen. Das Gespräch mündete in der Feststellung, dass unsere Absicht zwar begrüßenswert sei, aber vom Landkreis in der laufenden Wahlperiode bis 2021 mangels zeitlicher Ressourcen nicht unterstützt werden könne.

Wir versuchten dann, mit dem Landrat im Kreis Verden Kontakt aufzunehmen, aber sein Vorzimmer wusste nichts über unser Ansinnen. Es sickerte dann durch, dass der Landrat nicht nur wenig Interesse zeigte, sondern unser Vorhaben negativ beurteilte. Bei der Umsetzung des GR-Projektes „Fischerhuder Wümmewiesen" habe man ein einvernehmliches Vorgehen mit den Landwirten erreicht, das wolle man nun nicht wieder gefährden.

Von Anfang an hatten wir auf die Ausdehnung eines Naturparks auf die Fischerhuder Wümmewiesen und den Flecken Ottersberg großen Wert gelegt. Frühzeitig besuchten wir den dortigen Ortsbürgermeister und den „Naturschutz-Papst" und alten Freund Jochen Bertzbach, der in Fischerhude parteiübergreifend großes Ansehen genoss. Wir hatten ein sehr gutes Gespräch mit dem Vertreter der Jägerschaft in Fischerhude. Gemeinsam mit dem stellvertretenden Landrat und örtlichen Kreistagsabgeordneten besuchten wir den Bürgermeister von Ottersberg und sprachen mit dem örtlichen CDU-Kreistagsabgeordneten. Wir hatten Einvernehmen mit dem CDU-Fraktionsvorsitzenden erzielt, vor dem Umweltausschuss des Gemeinderates zu referieren – es nützte alles nichts, denn der Landrat von Verden verhinderte erfolgreich eine konstruktive Gesprächsaufnahme! Erst im Sommer 2020, als in Ottersberg ein neuer Bürgermeister gewählt wurde, kamen die Gespräche wieder in Gang. Wir trafen uns und verabredeten eine Gesprächsrunde mit Landwirten, um deren Misstrauen und Skepsis abzubauen. Wir organisierten eine Fahrt mit Landwirten zum Naturpark Wildeshauser Geest, die allerdings der Corona-Pause zum Opfer fiel. Wir unternahmen alles nur Denkbare, um Fischerhude und die Ottersberger Wümmewiesen im Naturpark dabeizuhaben.

Bremen überrascht, Rotenburg zögert

2019 war Bürgerschaftswahl in Bremen, wir wollten mit dem Naturpark keinesfalls Thema im Wahlkampf werden, also hielten wir die Füße still. Lediglich bei unseren Freunden in der SPD fühlten wir vor und gewannen spontanen Zuspruch. Als wir uns im Sommer 2018 in Bremen-Horn trafen, regnete es wie aus Kübeln. Wir tranken trotzdem Wasser und waren uns schnell einig, den Naturpark in Bremen auf Oberneuland, Borgfeld und das Blockland auszudehnen. Nach den Wahlen sollte es mit den Gesprächen losgehen. Tatsächlich trafen wir uns im August 2019 mit Andreas Bovenschulte, noch bevor er eine Woche später zum Bürgermeister gewählt wurde. Sein Kommentar zum Naturpark: „Das ist eine prima Idee!"

Es folgte Ralph Saxe, umweltpolitischer Sprecher der Grünen. Es regnete wieder, aber er kam trotzdem mit dem Fahrrad und fragte: „Warum habt ihr den Finanzbedarf für den Naturpark nicht bei den Koalitionsverhandlungen angemeldet?"

Und der Linken-Abgeordnete: „Die Torfkähne hatten den Hafen in Findorff zum Ziel, das sollte im Naturpark berücksichtigt werden!“

Arno Gottschalk für die SPD-Bürgerschaftsfraktion ging noch einen Schritt weiter und trat dem Förderverein bei.

Mit diesem Rückenwind gingen wir im Januar 2020 zu Ronny Meyer, dem grünen Staatsrat im Umweltressort. „Die Pläne für den Naturpark sind interessant, aber Sie sollten den Verlauf der Lesum und das Werderland mit aufnehmen!“ Auch das Naherholungsgebiet der Bremer Schweiz als Verlängerung der Achse von Knoops Park über den Park von Friedehorst bis Leuchtenburg und Löhnhorst solle berücksichtigt werden, ergab sich im Gespräch, aber dies quasi „ungesagt“, denn die Bremer Schweiz gehört zu Niedersachsen.

Der Rotenburger Landrat empfing uns nicht nur im Kreishaus, sondern hatte im November 2019 auch an unserer Mitgliederversammlung in Gnarrenburg teilgenommen. Er äußerte durchaus Sympathie für unsere Idee, machte aber keinen Hehl aus der sehr

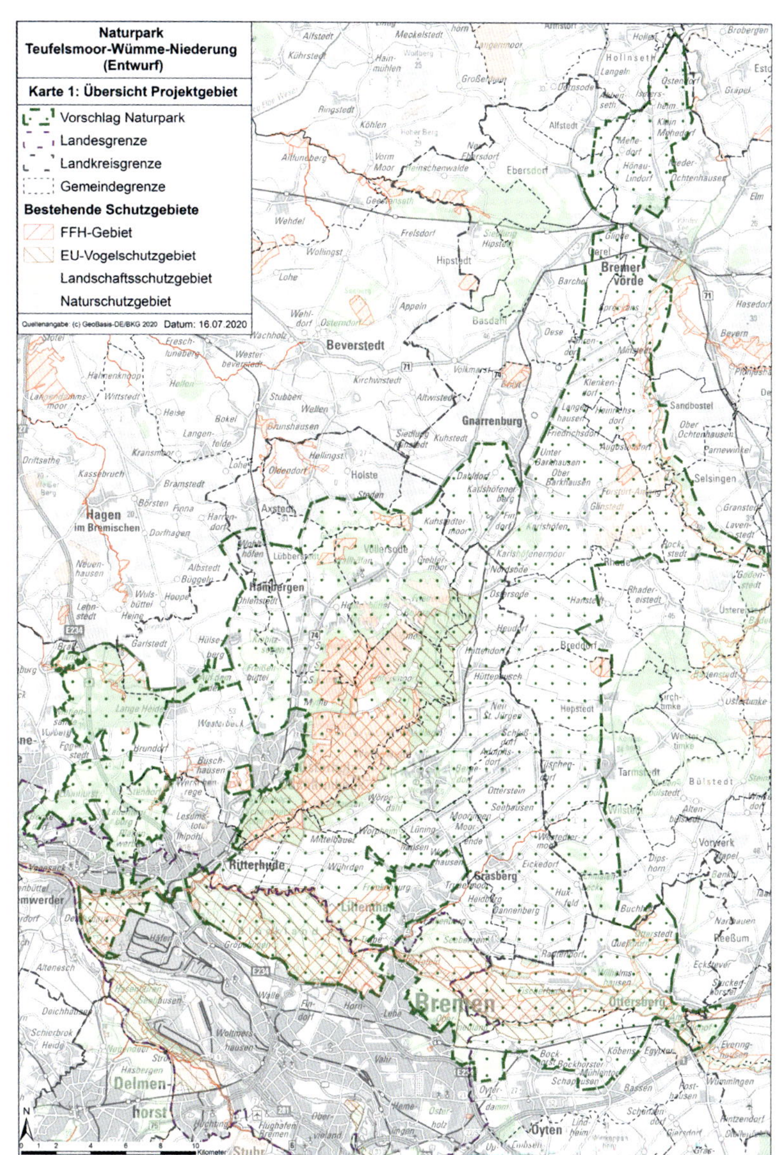

Vorschlag für den Umfang des Naturparks 2020 | Karte: Landkreis Osterholz

Oste-Hamme-Kanal in Gnarrenburg-Findorf

reservierten Einstellung seiner Verwaltung zum Naturpark. Als wir daraufhin im Januar 2020 den 1. Kreisrat in Rotenburg aufsuchten, bestätigte dieser seine im Kern ablehnende Haltung, meinte aber abschließend: „Wenn eine Gemeinde sich entschließt, dem Naturpark beizutreten, werden wir ihr keine Steine in den Weg legen!“

Zustimmung der Gemeinden

Ab Ende 2020 begannen wir, die formale Zustimmung der Gemeinderäte einzuwerben, beginnend mit Ritterhude und jüngst abschließend mit Hambergen (einstimmig!). Damit können wir nun gemeinsam mit der Kreisverwaltung Osterholz an der Abrundung der Gebietskulisse und der Vorbereitung des Genehmigungsantrages arbeiten.

Wenn alles gut geht, kann die Bürgerinitiative zur Schaffung des Naturparks Teufelsmoor im nächsten Jahr 2023 einen Erfolg feiern und als Förderverein für den Naturpark weiter daran mitwirken, einer Idee zur Umsetzung zu verhelfen.

Erste Einsätze für einen Naturpark – Vogelbeobachtungsboot Regenfleuter

Paul Richter war in der 2. Hälfte des letzten Jahrhunderts im Kreis Osterholz die Säule des Vogelschutzes. Von ihm war Gert Lange inspiriert, der in Buschhausen wohnte und in Bremen-Walle zur Schule ging. Dort auf dem Gymnasium waren er und die Freunde Jürgen Schwenzer und Hartwig Reinbold die Gründer der Jugendgruppe für Vogelschutz. In dieser Runde, gemeinsam mit Paul Richter und Dieter Simmen aus Osterholz, wurde die Idee geboren, einen alten Torfkahn, den „Regenfleuter", mit einer Kajüte zu versehen, um damit auf den Wasserwegen des Moores zu den Schilfgürteln zu kommen, in denen Netze zum Fangen der Zugvögel gespannt werden konnten. Im Frühjahr und im Herbst der späten 50er- und der 60er Jahre des

Schilfrohrsänger

Blaukehlchen

letzten Jahrhunderts waren die Jugendlichen bis zu 14 Tage im Moor, um Vögel im Auftrag der Vogelwarte Helgoland zu beringen.

Ein Frühjahr 1959 oder 1960, Osterferien an der Schule, Vogelzug am Himmel. Zeit für 14 Tage auf dem Regenfleuter. Im Hafen von Osterholz-Scharmbeck liegt der umgebaute Torfkahn. Proviant wird an Bord genommen. Familie Richtet hilft. Dieter Simmen ist immer präsent.

Den Kanal runter geht‘s nach Tietjens Hütte. Gert Lange schimpft traditionell auf den Wasser- und Bodenverband, der die Ritterhuder Schleuse zu oft öffnet und Wasser aus der Niederung fließen lässt, der Kanal zeigt seine Uferböschung, die Fahrtwellen kratzen am Untergrund. Die Hamme geht es flussaufwärts, vorbei an Melchers Hütte und der Eisenbahnbrücke vom Moorexpress. Danach biegt das Boot in die Beeke ein und ankert kurz vor der Einmündung des „Breiten Wassers“, einer von Schilfbewuchs und teilweiser Verlandung geprägten Verbindung von Hamme und Beeke.

Der Blick geht nach Norden zu den Schilfwäldern, in denen wir unsere Kunststoffnetze aufstellen, ca. 8 m lang, 2 m hoch, mit Längsfäden zwischen Stangen am

Liegeplatz Bargschütt am Oberlauf der Beeke

Ende. Fliegt ein Vogel gegen das Netz, fällt er in einen Netzbeutel hinter die Längsfäden. Vorausgesetzt, der Wind ist nicht zu stark, dann prallt der Vogel ab, guckt kurz irritiert und fliegt weiter.

Der Regenfleuter ist knapp 10 m lang mit einer Breite von ca. 1,5 m. Die Kajüte ist mit großen Fenstern zum Beobachten der Vogelwelt versehen und ca. 3 m lang. Es schließt sich ein Anbau an, der dem Verstauen der Last dient. Achtern ist der Bootseinstieg, am Heckspiegel hängt ein Außenbordmotor, der gleichzeitig dem Steuern dient und von vorn in der Kajüte gelenkt werden kann.

Wenn die Netze aufgebaut sind, muss insbesondere morgens und abends regelmäßig Kontrolle „gegangen" werden. Will heißen: mit dem Beiboot „Blödel" wird ans Ufer gerudert und ins Schilf gestapft. In der Hoffnung, dass der Gummistiefel bis über das Wasser reicht. Dann werden die Vögel behutsam aus dem Netz genommen und in Beutel verfrachtet. Zurück an Bord werden sie unverzüglich mit Ringen der Vogelwarte Helgoland beringt sowie gewogen und vermessen, alles wird verzeichnet und archiviert.

Gegessen wird an Bord in der Kajüte, am liebsten mit Tee. Das Wasser wird aus der Beeke geschöpft und

Abend ist es, die Pflicht getan: Hartwig Reinbold und Gert Lange (rechts)

hat von Beginn an eine gesunde braune Teefärbung. Der Brotbegleiter ist abends mit Vorliebe Hering in Tomatensauce. Wenn dann Sauce auf den grob geflochtenen Teppich tropft, ist regelmäßig heftiger Streit mit dem Käpten vorprogrammiert, mit Gert Lange, der nebenberuflich Biologie in Kiel studiert. Besonders tut sich Jürgen Schwenzer hervor, genannt Birne, ein in Gerts Augen geradezu renitenter Pharmaziestudent, der die schwere Aufgabe hat, die Nachfolge seines Vaters in der Apotheke an der Berliner Freiheit in der Vahr zu übernehmen. Den Dritten im Bunde, Hartwig Reinbold, genannt Vadder, kann das gar nicht aufregen, er hält sich am Tee fest. Der Vierte ist der Schreiber dieser Zeilen, der sich nur wundert, in welche Generation er da hineinwächst.

Wenn der letzte Netzgang getan und die Tomatensauce entfernt ist, wird der verbleibende Tee mit etwas Rum verlängert, was so manches Mal dazu führt, dass gegen 21.45 Uhr aus Goethes Faust zitiert wird.

Zum Schlafen werden vorn im Schiff die kleinen Tische heruntergeklappt, die Stühle nach achtern gebracht und auf den Grätings am Schiffsboden Luftmatratzen ausgebreitet. Im mittleren Anbau wird ein Brett heruntergeklappt, sodass ebenfalls zwei Luftmatratzen nebeneinandergelegt werden können.

Mit dem Sonnenaufgang gegen 5 Uhr spätestens ist allerdings der erste Netz-Kontrollgang fällig. 14 Tage können lang werden. Kein Wunder, dass einmal eine Meuterei an Bord ausbricht: Mannschaft gegen Käpt’n. Bringt intern gewaltigen Ärger. Aber nach einem Monat Sendepause untereinander bereitet man die nächste Fahrt vor.

Rotschenkel

Aber nicht nur das beschriebene Quartett bildete die Regenfleuter-Organisation. In den 70er-Jahren wurde das Hausboot „Emberiza“ (lateinischer Name für die Rohrammer-Familie) am Nadelkissen, kurz vor Einmündung der Beeke in die Hamme, fest verankert. Es bot wesentlich mehr Komfort: Man konnte z. B. aufrecht stehen!

Der ehemalige Torfkahn war inzwischen durch einen Neubau aus Stahl ersetzt worden, der alte Regenfleuter wurde abgetakelt und der Eichenrumpf an einer dem Autor unbekannten Stelle versenkt. So jedenfalls hieß es. Aber keiner weiß Genaues.

Leider starb Hartwig Reinbold schon in den 70er-Jahren. Gert Lange, inzwischen promoviert und Lehrer am Lesumer Gymnasium, wollte in den 90er-Jahren nicht mehr leben, und Jürgen Schwenzer, der inzwischen bei Wildeshausen lebte und zu dem der Kontakt allmählich abriss, verstarb vor wenigen Jahren.

Man trifft aber immer wieder auf alte Regenfleuter-Kollegen, die dort an Bord oder auf der Emberiza Vogelschutz betrieben haben. Eine gute Erinnerung, der wir mit unserem Ziel dienen wollen.

Die Gruppe der Vogelschützer war schnell angewachsen. Mehrere Jugendgruppen waren an verschiedenen Schulen entstanden, so am Gymnasium Neustadt und am Gerhard-Rohlfs-Gymnasium in Vegesack. Gert und Arne Börnsen, Walter Hommel, Hille Detert, Gabi Thiele, Marion Frère – dies sind nur einige herausgegriffene Namen. Wobei auf dem ersten Beobachtungsschiff Regenfleuter natürlich nur Jungen an Bord gewesen waren, Mädchen vielleicht mal zum Besuch am Nachmittag.

Das Ziel der Gruppe war nicht nur aktiver Vogelschutz durch Beringung, sondern auch die Erstellung einer Avifauna-Statistik, um die Reichhaltigkeit der Vogelwelt in der Hamme-Niederung zu belegen und damit dem fernen Ziel näher zu kommen, große Bereiche dieser Region unter Naturschutz gestellt zu bekommen.

Favorit bei den Beringungen war die Rohrammer, aber auch Schilfrohrsänger gingen ins Netz. Einmal wurde eine Kohlmeise gefangen, die 14 Tage zuvor in Litauen beringt worden war! Oder ein Sperber, dem wir aber mit gehörigem Respekt begegneten. Beobachtet wurden in erster Linie Sumpf- und Wiesenvögel, also Uferschnepfen, Bekassinen, Kampfläufer, die Wiesenweihe, Feldlerchen und Kiebitze. Ein Magnet war auch die Lachmöwenkolonie am Kohlhof, einem Schilfgewässer direkt an der Beeke.

Uferschnepfen

Das Naturschutz-Großprojekt Hammeniederung und der Naturpark

Ein großer Schritt hin zum Schutz der Hammeniederung wurde Anfang der 90er-Jahre mit der Entscheidung des Bundesamtes für Naturschutz in Bonn getan, ein GR-Projekt für die Hammeniederung zu genehmigen und dessen Umsetzung mit etlichen Millionen zu fördern. Damit konnten umfangreiche Flächen zwischen Teufelsmoorstraße und Hamme für die öffentliche Hand erworben und Voraussetzungen für die Vernässung dieser Flächen geschaffen werden.

Die Umsetzung des Projektes durch die Untere Naturschutzbehörde des Landkreises Osterholz nahm mehrere Jahre in Anspruch. Damit wurde das Ziel der Sicherung der Hammeniederung tatsächlich erreicht. Heute stehen Weideflächen beiderseits der Hamme, der Beeke und der Wümme unter Naturschutz, zumindest unter Landschaftsschutz.

Damit war aber auch das Fernziel der Ornithologischen Arbeitsgemeinschaft Regenfleuter erreicht: Die Unterschutzstellung des zentralen Bereiches der Hammeniederung.

Man kann den Charakter einer Region jedoch nicht nur durch Verordnungen bewahren. Pflege- und Entwicklungskonzepte müssen erarbeitet, mehr noch: umgesetzt werden. Um die Einzelheiten dieser Konzepte wird es immer neue Diskussionen geben: Wie viel Landwirtschaft ist möglich, wie viel ist nötig? Wie viel Wasser muss auf Wiesen und Weiden zurückgehalten werden, um ein Austrocknen zu vermeiden? Welche Teilhabe soll der Mensch an der Landschaft haben, haben dürfen?

So stellte sich Mitte des 2. Jahrzehnts des neuen Jahrhunderts die Frage, wie es weitergehen soll. Ordnungspolitisch war die Sicherung der Region festgeschrieben. Aber reichte dieser Schritt aus, um künftige Anforderungen und Pflegemaßnahmen dauerhaft zu gewährleisten? Zu diesen Anforderungen zählt nicht zuletzt der Klimaschutz durch die Vermeidung von CO_2-Emissionen, die bei der Entwässerung von Mooren in erheblichen Umfang auftreten.

Fischreiher an der Beeke

Die Antwort auf die Frage, warum die Schaffung eines Naturparks gar nicht zu umgehen war, war damit wie von selbst gegeben: Der Naturpark ist die Antwort!

Mit seinen Handlungsfeldern vom Naturschutz über regionale Entwicklung und Naherholung bis zur Umweltbildung ist beschrieben, wofür ein Naturpark stehen soll: Er soll Konzepte entwickeln und Antworten auf die vielen und immer neuen Fragen erarbeiten, wie der Landschaft und den darin lebenden und arbeitenden Menschen gedient werden kann.

So entstand im Jahre 2018 die Initiative zur Gründung des Naturparks Teufelsmoor, die – wenn alles gut geht – im Jahre 2022 durch das Stellen eines Genehmigungsantrag beim Umweltministerium in Hannover ihren Abschluss finden könnte.

Kooperativer Naturschutz zur Versöhnung von Landwirtschaft und Naturschutz

Die bisher beschriebene Entwicklung hat die Landwirtschaft völlig ausgeklammert. Dabei ist sie es, die über Jahrhunderte das heutige Bild der Kulturlandschaft des Teufelsmoores geschaffen hat.

Durch Auflagen des Naturschutzes, zusätzlich zu den Auflagen, die sich auf Bundesebene über die Umweltgesetzgebung ergeben haben, ist die Landwirtschaft in den betroffenen Flächen unter Druck geraten. Durch den Wirtschaftlichkeitsdruck zu immer größeren Einheiten gezwungen, konnten viele bäuerliche Familienbetriebe nicht mithalten und mussten aufgeben. In der kleinteilig strukturierten norddeutschen Region zwischen Weser und Elbe ist diese Entwicklung besonders auffällig und geradezu dramatisch: Das Höfesterben ist nicht zu leugnen, darf aber nicht hingenommen werden, wenn Natur und Landschaft ihren Charakter behalten sollen.

Angelehnt an positive Erfahrungen in Bremen hat sich die Naturpark-Initiative deshalb zum Ziel gesetzt, mit dem Modell des kooperativen Naturschutzes ein besseres Einvernehmen zwischen Naturschutz und Landwirtschaft herzustellen. Bei der Umsetzung von Naturschutzprojekten wird dieses Prinzip zum Muss: Ohne ein Einvernehmen mit den betroffenen Landwirten als Grundeigentümer lässt sich zum Beispiel kein Vernässungsprojekt auf privatem Grund umsetzen.

Um dieses Ziel zu untermauern, werden in diesem Buch viele bäuerliche Familien vorgestellt, deren Vorfahren zum Teil bereits über Generationen hier in der Region gelebt und gearbeitet haben. Die Schilderung ihrer Entwicklung bis hin zu ihren aktuellen Sorgen, nicht zuletzt um den Bestand ihrer Höfe, steht im Mittelpunkt der nachfolgenden Gesprächsreihe.

Teil 1

Wege in die Geschichte

Die Besiedelung der Wümme-Marschen bis zum Teufelsmoor

Die Besiedelung der Niederungen von Hamme, Wümme und Oste setzte spät ein. Die Bedingungen waren für die Menschen geradezu feindlich, die Region blieb lange Zeit praktisch frei von Siedlungsgebieten.

Das erste Dokument einer Besiedlung durch Holländer stammt aus dem Jahr 1106 vom damaligen Erzbischof Friedrich und betrifft sehr wahrscheinlich das heutige Hollerland. Diese sogenannten Hollerkolonisationen breiteten sich auf das Marschgebiet nördlich der Wümme aus, heute sind dort die Ortschaften St. Jürgen und Trupe mit den Truper Blänken. In Marschhufendörfern siedelten sich die Menschen auf 47 bis 48 ha großen Flächen an. Diese Besiedelung geht auf den Anfang des 12. Jahrhunderts zurück. Den ersten Siedlungen folgten bis 1350 Timmersloh, Verenmoor, Moorhausen und Feldhausen, dann bis 1600 Heidberg, Falkenberg und Seebergen.

Zwei Moorhufensiedlungen entstanden in Waakhausen und Teufelsmoor. Beide Gebiete gehörten zu dem 1182 in Osterholz gegründeten Kloster der Benediktiner-Nonnen. Diese Besiedlung ist wahrscheinlich auf lokale Adelige zurückzuführen. Im Gegensatz zu den Hollersiedlungen handelt es sich also nicht um freie Kolonisten, sondern um abhängige Meier, die sowohl dem Kloster als auch den Lehnherren ihren Zins zu entrichten hatten.

Als Moorbreitstreifensiedlungen bezeichnet Fliedner eine Reihe von Siedlungen, die im Allmendebereich bestehender Siedlungen entstanden, von Hüttenbusch über Weyermoor bis Neuendamm, Spreddig und Ahrensfelderdamm.

Im Zuge der staatlichen Moorkolonisation sind die schon bestehenden Siedlungen in der Region neu geordnet worden. Vieh wird als älteste Siedlung 1594 erstmals erwähnt. Weyerdamm wird 1633, Weyerdeelen 1647 erwähnt, es folgen Hüttenbusch und Überhamm seit 1667. Neuendamm, Ahrensfelderdamm und Spreddig dagegen sind erst seit dem 18. Jahrhundert nachzuweisen. Neben dieser rundlichen Nutzung

Wümme zwischen Lilienthal und Fischerhude | Foto: Klaus Bönkost

der Niederung blieben allerdings weite Flächen bestehen, die erst mit der Kolonisierung durch Findorff systematisch besiedelt wurden.

Vom Niedermoor an Hamme und Wümme hinauf ins Hochmoor

Nackte Jahreszahlen sagen wenig über die Lebenswirklichkeit in der Niederung aus. Wenig wissen wir naturgemäß auch über die Lebensbedingungen in den ersten Siedlungen im 11. und 12. Jahrhundert. Immerhin ist bekannt, dass der Bremer Erzbischof die Holländer aus der Region um Utrecht zwar wegen deren Kompetenz in Sachen Entwässerung holte, damit aber auch die Gleichberechtigung zwischen Männern und Frauen in die Niederung brachte. Wie hätte solch ein Hof auch anders bewirtschaftet werden sollen?

Die sorgfältige Bewirtschaftung und Pflege der Deiche war schon damals überlebenswichtig. Kam es wegen unterlassener Pflege bei Sturmflut zu einem Deichbruch, wurde der verantwortliche Bauer vor die Wahl gestellt: Entweder er gelobte Besserung, oder es konnte ein anderer seinen Spaten in den Deich stechen – dann gehörte diesem das Land. Dieses Spatenrecht wurde bis ins 17. Jahrhundert angewendet. Erst seit dem Dreißigjährigen Krieg gibt es erste Dokumente, mit denen sich Familien nachverfolgen lassen, deren Namen die Entwicklungen geprägt haben: Die Familien Garbade meist südlich der Wümme im Blockland, die Familien Wellbrock in der Ortschaft Teufelsmoor oder die Familien Brünjes …

1535 erfolgte die Reformation auf eine pragmatische Weise, wie sie noch heute typisch ist: Gegen Zahlung von 30 Talern wurde die Religion gewechselt, seitdem sind die Landwirte eben evangelisch. Es heißt, im Krieg seien die Dokumente zerstört worden, richtig ist aber wohl, dass erst die Schweden mit den Aufzeichnungen begannen.

Die Höfe an der Wümme im St. Jürgensland und in der Ortschaft Teufelsmoor dokumentieren immer noch den Zuschnitt, der mit der Besiedelung vor Jahrhunderten begann. Die großen Höfe im St. Jürgensland reichen von der Grenze zu Worpswede bis zur Wümme, eine Ausdehnung von 4,5 km². In Teufelsmoor liegen die Höfe beiderseits der Straße bis zur Hamme bzw. bis zur Beeke. Allerdings in erster Linie östlich der Beeke – dort sind die Höfe seit Langem arrondiert, während sich westlich der Beeke bis Pennigbüttel ein Flickenteppich entwickelte, der eine Flurbereinigung sinnvoll erscheinen ließ.

Allen Höfen im Blockland, dem Hollerland, dem St. Jürgensland und der Ortschaft Teufelsmoor war über Jahrhunderte ein Wohlstand möglich, der sich aus dem fruchtbaren Boden der Flussniederungen speiste und in der Vergangenheit den Unterschied zwischen Moor- und Geestbauern ausmachte. Es waren die Moorbauern, denen es der Boden erlaubte, gutes Heu einzufahren, um dieses sogar auf die Geest zu exportieren. Den Geestbauern fehlte dieser natürliche Dünger. Erst nach dem 2. Weltkrieg begann sich die wirtschaftliche Situation zwischen Moor und Geest anzugleichen, nachdem Kunstdünger eine immer größere Verbreitung fand.

Wohlstand ist nicht selbstverständlich, sondern muss erarbeitet und erwirtschaftet werden. Wenn der Wohlstand zum Genuss führte, und die Kinder der Bauernfamilien mehr an die Hausmusik als an die Felder und Wiesen herangeführt wurden, ist der Wohlstand so manches Mal auch in Gefahr geraten. „Erst kommt de Buer, dann de tüchtige Buer, und dann de Künstler!“, wusste schon Theodor Storm mit seinen Marschbauern an der Holsteinischen Westküste.

Den Hof konnte allerdings meist nur ein Nachkomme übernehmen, Geschwister mussten nach Alternativen suchen. Wollten sie in der Landwirtschaft und in der Region bleiben, dann bot Findorff ihnen ab dem 19. Jahrhundert die Chance der Besiedelung der entwässerten Hochmoore. Von Worpswede nach Norden bis Bremervörde, von Lilienthal und Ottersberg parallel zum Tarmstedter Geestrücken entstanden die heute noch gut erkennbaren Findorffsiedlungen: von Schlussdorf über Karlshöfen, Findorf, Augustendorf,

Fahrendorf bis nach Iselersheim entwickelten sich die langgezogenen Siedlungen an den damals nur wenig befestigten Wegen.

Bei dieser Besiedelung der Hochmoore entstand im Teufelsmoor der schon erwähnte Spruch, dem zufolge die erste Generation den Tod, die zweite die Not und erst die dritte das Brot zum Lebensunterhalt fand. Der Gegensatz von Wohlstand einerseits und Not andererseits kann also nicht einfach auf die Herrenhäuser auf der Geest und die Katen im Moor übertragen werden. Über Jahrhunderte waren die Landwirte in der Niederung wohlhabend, und die Bauern auf der Geest blickten manchmal neidisch auf sie herunter.

Dann wurde im 18. Jahrhundert das Hochmoor, das „Teufelsmoor", erschlossen und besiedelt und zwang die Generationen über Jahrzehnte in Armut. Zur gleichen Zeit entwickelte sich Bremen-Nord mit seiner Geest nördlich der Lesum und entlang der Weser zur Bremer Schweiz und damit zum attraktiven Wohnsitz für Bremer Kaufleute, die durch den Handel mit Russland oder das Betreiben einer Segelschiffsflotte zu Wohlstand gekommen waren.

Walze aus dem Moormuseum Kuhstedter Moor | Zeichnung: Graham Warren

Familien-Geschichte: Gespräche mit der Landwirtschaft

Wer kann besser über die Geschichte der Familien und der Höfe erzählen als die Landwirt-Familie, die heute auf dem Hof lebt und die Erzählungen der Älteren noch in Erinnerung hat? Wer kann besser vermitteln, welche Beziehung die Familien zu ihrem Hof haben, als die Betroffenen selbst? Wenn es darum gehen soll, das besondere Verhältnis herauszuarbeiten, welches Landwirte im Teufelsmoor zu ihren Höfen haben, dann ist es der beste Weg, mit ihnen zu reden und sie erzählen zu lassen. Das ist die Grundidee dieser kleinen Schrift. Während der Debatte um die Sammelverordnung (s. dazu Teil 3, Ausblick) des Landkreises Osterholz wunderten sich viele, dass die Familien an der Teufelsmoorstraße Schilder aufstellten, auf denen sie darauf hinwiesen, dass ihre Familien seit Jahrhunderten auf diesem Grund und Boden lebten und arbeiteten und dass sie auch weiterhin auf diesem Grund zu arbeiten gedachten, ohne dass die Obrigkeit ihnen sagen könne, was sie zu tun und zu lassen hätten.

Es soll an dieser Stelle nicht auf den Hintergrund der Sammelverordnung und auf die Argumente der Befürworter und der Gegner eingegangen werden. Es soll nur ein Gefühl vermittelt werden, was die Landwirte zu ihrer oftmals sehr emotionalen Reaktion veranlasste: eben ihr Verhältnis zu dieser Region, zum Teufelsmoor.

Manche Formulierung mag Außenstehenden etwas unfreundlich erscheinen, aber es ist der „Originalton" – vor Ort wird offen und direkt geredet, Diplomatie ist weniger bekannt.

Und bei aller Skepsis gegenüber Naturschutzmaßnahmen ist zweifellos erkennbar, dass Landwirte mehr und mehr bereit sind, sich daraus resultierenden Veränderungen zu öffnen, auch wenn erstmal „gegrummelt" wird.

Nachfolgend wird eine Vielzahl von Gesprächen in diesem Sinne dokumentiert. Die Gespräche sind nummeriert und können auf der Karte der nächsten Seite lokalisiert werden.

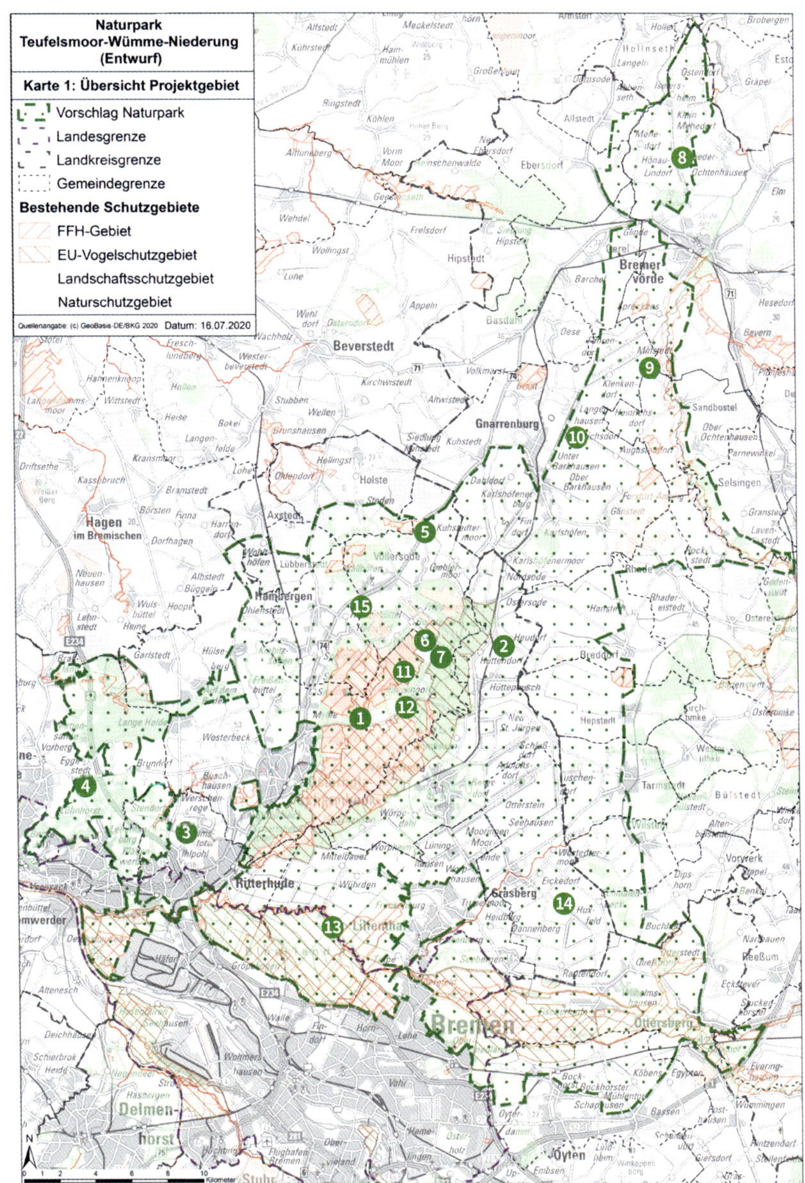

Geplante Umrisse des Naturparks Teufelsmoor mit der Position der beschriebenen Höfe | Karte: Landkreis Osterholz

1 | Familie Finken, Wulfsburg, in Sandhausen/Osterholz-Scharmbeck

Familie Finken

Eine Wulfsburg im Teufelsmoor? Der Name kann nicht aus der jüngeren Zeit stammen. Und tatsächlich, die Wulfsburg geht bis ins 12. Jahrhundert zurück. Heute kann uns nicht mehr gesagt werden, was der wirkliche Hintergrund der Namensgebung ist, aber das Thema Wolf wird eine Rolle gespielt haben. Wölfe müssen im Mittelalter bis in die Niederungen des Teufelsmoores vorgedrungen sein, und die damals entstandene Hofstelle war auf einer Wurt errichtet worden und wird durch ihre Anlage auch einen Schutz gegen Wölfe ermöglicht haben. Aber vielleicht gibt es noch andere Vermutungen, wir sind offen für jeden Hinweis!

Heute erinnert der Standort der Wulfsburg zwischen den Ortschaften Teufelsmoor und Pennigbüttel nicht mehr an gefährliche Tiere, sehr wohl aber an gefährdete Tierarten. Unweit der Beeke gelegen, ist die Region prädestiniert für Sumpf- und Wiesenvögel, von der Uferschnepfe bis zum Kiebitz. Nördlich der Teufelsmoorstraße gab es in den 60er-Jahren eine

Lachmöwenkolonie im Kohlhof. Daran erinnert heute kaum noch etwas.

Der Familie Finken liegt der Erhalt der Natur jedoch sehr am Herzen. Ein Wiedervernässungsprojekt soll den Grundwasserstand anheben und zu längeren Vernässungen der Wiesen im Winter und Frühjahr führen. Ein weiteres Projekt soll der Aufwuchsverwertung dienen, um Mähgut aus feuchten Wiesen einer industriellen Verarbeitung zuzuführen. Dazu soll ein Landschaftspflegeverband der beteiligten Landwirte gegründet werden, an dem Rainer Finken maßgeblich beteiligt ist.

Zurück in die Geschichte: Wie berichtet, wurde die Wulfsburg bereits im 12. Jahrhundert erstmals erwähnt, lange bevor die Ortschaft Teufelsmoor gegründet wurde. Damals waren es die hochherrschaftlichen Herren von Sandbeck zu Scharmbeck, die in der Nähe des Flüsschens Beeke einen Jagdsitz errichteten, einen sogenannten Meyerhof. Wegen ausbleibender Erben ging das Anwesen an Lüder von der Hude über, der wiederum Streitigkeiten mit dem Kloster Osterholz hatte und diesem einen Teil des Hofes überschreiben musste. Das war im Jahr 1347, und die Entwicklung steht für die damaligen Besitzansprüche sowohl fürstlicher Herren als auch des Klosters Osterholz, die im wahrsten Sinne des Wortes über die Flächen zwischen Osterholz und der späteren Ortschaft Teufelsmoor „verfügten".

Anfang des 19. Jahrhunderts war es die Familie Kohlmann, die den Hof bewirtschaftete, um 1890 übernahm schließlich Johann Blendermann, der Urgroßvater des heutigen Eigentümers Rainer Finken, den Hof. Die jüngere Tochter, Mathilde Blendermann, übernahm nach dem Tod von Johann im Jahre 1935 das Erbe. Sie hatte 1933 den Landwirt und gelernten Kaufmann Georg Finken geheiratet, der aber bereits im Jahr 1950 an Lungenkrebs verstarb.

Das Paar hatte vier Kinder, und Mathilde Finken hatte schwere Schicksalsschläge zu überstehen. Erst kam der Tod ihres Mannes, gleich darauf erkrankte der älteste Sohn Hans-Martin an einer Lungenentzündung und litt an dieser Erkrankung sein ganzes Leben. Dann verstarb der jüngste Sohn 1952, und schließlich zerstörte ein Blitzeinschlag 1959 das gesamte Wohn- und Wirtschaftsgebäude. Mit bewundernswerter Energie schafften es Mathilde Finken und ihr Sohn Hans-Martin, den Hof durch den Neubau von massiven Wohn- und Wirtschaftsgebäuden zu retten und sogar in den Jahren 1979/80 durch einen Boxenlaufstall zu erweitern und zu modernisieren.

1983 verstarb Mathilde Finken, der Hof ging auf den Vater von Rainer, auf Hans-Martin Finken, über. Und mit Marleen Finken steht die Tochter von Susanne und Rainer bereit, den Hof in die Zukunft zu führen.

Interessant an der Geschichte der Höfe in Sandhausen, Altendamm und Neuendamm ist der Bau der Teufelsmoorstraße, die Pennigbüttel über die Ortschaft Teufelsmoor mit Neu St. Jürgen und der Gemeinde Worpswede verbindet. Sie wurde 1883 erbaut und sollte ursprünglich direkt an den Häusern von Altendamm vorbeiführen. Die Eigentümer waren gar nicht begeistert von diesen Aussichten, sie fürchteten, dass sie von „schlechten Leuten" und herumziehenden Handwerksburschen belästigt werden würden. Lieber wollten sie Dünger, Heu, Korn und Torf durch den Dreck zum Hof schleppen, als sich mit diesen Fremden abzugeben …

Längst sind es nicht mehr die Handwerksburschen, die vorbeiziehen, sondern der permanente Straßenverkehr, der sich jedoch kaum auf den Hof auswirkt. Die heutigen Beeinträchtigungen haben ganz andere Ursachen: Der Hof liegt mit der Teufelsmoorstraße unmittelbar an der nördlichen Grenze des GR-Gebietes, der Region von gesamtstaatlich repräsentativer Bedeutung. Eine solche Klassifizierung machte es dem Bund möglich, dieses Gebiet von besonderer Bedeutung für die Natur und den Naturschutz zu fördern, einer Maßnahme, die zwischen dem Anfang der 1990er-Jahre und der Mitte des zweiten Jahrzehnts unseres Jahrhunderts umgesetzt wurde, u. a. durch erheblichen Kauf von Wiesenflächen.

Die Wulfsburg war mit ihren Flächen nördlich der Teufelsmoorstraße nicht direkt vom GR-Gebiet betroffen. Durch die Sammelverordnung im Jahr 2016 (Verordnung des Landkreises Osterholz zur Überführung von FFH-, Natura-2000-Flächen und Vogelschutzgebieten in Natur- und Landschaftsschutz) war auch

Arne Börnsen, Rainer Finken, Jürgen Streckfuss

ein großer Teil der intensiv genutzten Flächen des Hofes betroffen und nach langwierigen, aber fairen Verhandlungen mit der Verwaltung des Landkreises Osterholz akzeptierte Rainer Finken die Verordnung. 120 seiner Milchkühe wurden langsam „abgestockt", weibliche Kreuzungstiere, die zur Direktvermarktung von hochwertigem Rindfleisch aufgezogen worden waren, folgten.

Zu sehen, dass auf den Grünflächen keine Rinder mehr grasten, war das eine, für den Hof eine neue wirtschaftliche Perspektive zu finden, das andere. Dies stellte einen großen und gewagten Schritt in der Geschichte der Wulfsburg und der Familie Finken dar. Eine Perspektive, die auch der Tochter Marleen die Möglichkeit bieten sollte, ihre Zukunft auf der Wulfsburg zu sehen. Die Bankkauffrau Marleen, die in den Hof, der als anerkannter Ausbildungsbetrieb geführt wird, eingestiegen ist, wird den Hof, wie auch ihr Vater Rainer, als Landwirtschaftsmeisterin weiter führen.

Umso höher ist es einzuschätzen, dass die Familie Finken die Erstellung einer Machbarkeitsstudie durch die Universität Greifswald und das ökologische Forschungs- und Planungs-Institut Biota in Bützow nahe Rostock mit ihrem Hof unterstützte. Diese Studie bestätigte die hydrologischen Voraussetzungen zur Vernässung von Flächen zwischen Wulfsburg und Beeke und ist Grundlage eines Förderantrags, den die Landwirtschaftskammer beim Bundesumweltministerium gestellt hat. Bei der Erstellung des Antrages waren der Arbeitskreis Aufwuchsverwertung des Landvolks Osterholz sowie das Tünen-Institut, die Biologische Station Osterholz, die Universität Greifswald, der Landkreis Osterholz und beratend die Moorversuchsstation in Ovelgönne beteiligt. Ziel ist es, ausgewiesene Flächen während der Winterperiode von Oktober bis März zu vernässen, indem durch die Absperrung von Vorfluter-Gräben wie dem Pferdegraben entlang des Wulfsburger Damms das Oberflächenwasser am Abfließen gehindert wird. Zum Frühjahr werden die Sperrstufen kontinuierlich aufgehoben. Der Grundwasserstand kann über das Jahr um einige Dezimeter angehoben werden, womit – mit Verzögerungen – die Grünlandbewirtschaftung weiter ermöglicht wird.

Über Wiedervernässung wird in der Region seit Langem und sehr kontrovers diskutiert. „Ihr wollt die ganze Niederung unter Wasser setzen!", lautet der genauso pauschale wie auch falsche Vorwurf.

Durch das beschriebene Vorhaben auf den Wiesen von Rainer Finken kann ein Demonstrationsprojekt entstehen, das konkret vor Ort die Auswirkungen kontrollierter Vernässung aufzeigt. Das Projekt hat noch nichts mit einer alternativen Aufwuchsverwertung zu tun, so wie es das Landvolk Osterholz an anderer Stelle plant, verbunden mit der Gründung eines Landschaftspflegeverbandes. Aber es unterscheidet sich in einem Punkt von anderen Planungen: Es wird gemacht und nicht nur geplant.

Zur Person von Rainer Finken sei vermerkt, dass er Vorstandsmitglied beim GLV Teufelsmoor ist, dem Gewässerverband der Region, und dienstältestes Mitglied der Prüfungskammer für Junglandwirte. Er vertritt zudem die Landvolkmitglieder von Sandhausen im Kreislandvolkverein als Ortsvertrauensmann – er ist also kein Exot.

2 | Friedrich Karl Schröder in Heudorf

Friedrich Karl Schröder

Während entlang der Wümme, in Sandhausen und auch in Worpswede schon teilweise ab dem 13. Jahrhundert erste Siedlungen entstanden, sind Heudorf genauso wie Neu St. Jürgen und Wörpedorf die ersten Siedlungen und Dörfer, die von Findorff selbst gegründet wurden. Bis dahin gab es hier nur Moor, vielleicht mal ein paar Heideflächen und wieder Moor. Breddorfer Bauern trieben damals ihr Vieh zeitweise auf die Heideflächen. Findorff setzte dem ein Ende und vergab die Flächen damals an 13 Siedler und ihre Familien. Jeweils 15 ha war die Größe des Hofes, teilweise sind diese Abmessungen noch heute erhalten.

Die Vorgehensweise von Findorff stieß bei den Breddorfer Bauern auf wenig Gegenliebe. Es kam zu Streitereien, hier und dort wurde sogar eine Hütte angezündet. Und bei Dorffesten war und blieb es eine gute Tradition, dem anderen eine blutige Nase zu verpassen oder auch selbst mit einem blauen Auge zurückzukommen. Auf diese Weise sollen noch heute Dorffeste erst ihre Würze bekommen.

Heudorf war das dritte Dorf, das von Findorff gegründet wurde, und es war ein Paul Schumacher, der die Siedlungsstelle des heutigen Hofes Schröder erwarb. Wobei der heutige Begriff des Erwerbs eher missverständlich ist: Seine Abfindung in Höhe von 3.000 Talern musste Schumacher als Garantie dafür hinterlegen, tatsächlich auf der Hofstelle zu bleiben. Er hatte die Wahl, entweder als Knecht auf dem elterlichen Hof zu bleiben, ohne sogar das Recht der Heirat wahrnehmen zu dürfen, weil er eben der zweitgeborene Sohn war, oder die Entbehrungen und Strapazen der Siedlerstelle in Heudorf anzutreten. Paul Schumacher nahm das Risiko auf sich, erhielt Bauholz und zwei Fuder Sand und war sich selbst überlassen. Vor gut 250 Jahren war das, um das Jahr 1750 herum.

Als im Jahr 1866 ein Krieg mit Dänemark drohte, war der Urgroßvater von Friedrich Karl Schröder nicht bereit, in den Krieg zu ziehen, sondern wanderte stattdessen in die USA aus. Über Georgia gelangte er nach Savannah an die Ostküste und gründete mehrere Schnellimbissläden – so die heutige Bezeichnung, um keinen gängigen Firmennamen zu wählen. Wie auch immer, er machte sein Geld damit, heiratete und kehrte nach Heudorf zurück, noch bevor seine Frau das erste gemeinsame Kind zur Welt brachte, denn dieses sollten zu Hause und nicht in den USA geboren werden und aufwachsen. Das allerdings war eine gemeinsame Entscheidung des Ehepaares, denn seine Frau stammte aus Überhamm. Seinen Namen hatte Friedrich Karl Schröder aufgrund seines geschäftlichen Erfolges jenseits des großen Teiches aber auch weg: „Gold-Schröder".

Ereignisreich verlief auch die weitere Geschichte der Familie Schröder, wobei es wie bei vielen anderen Familien die Auswirkungen der beiden Weltkriege waren, die ursprüngliche Planungen über den Haufen warfen und Lebensläufe auf den Kopf stellten. So war der Großvater von Friedrich Karl aufgrund der Erbfolge gar nicht für den Hof vorgesehen. Vielmehr arbeitete er als Lehrer bei Brunsbüttel in Schleswig-Holstein, bis er in den Zwanzigerjahren auf den Hof zurückkehrte, aber aufgrund seiner fehlenden landwirtschaftlichen Fachkenntnisse nicht so einfach das Anwesen übernehmen konnte. Der Vater des vielen im Kreis Osterholz bekannten Hermann Prigge, Klaus Prigge, war es, der nach dem 1. Weltkrieg als Landarbeiter bei Großvater Schröder in den Dienst eintrat und diesen bis zum 65. Lebensjahr innehatte. Währenddessen arbeitete Großvater Schröder bis zu seiner Pensionierung 1948 weiter als Volksschullehrer.

Zwar war der Uropa mit einem Koffer voller Geld aus Amerika zurückgekommen, aber nach dem Krieg nahm ihm und seiner Familie die Inflation von 1923 alles. Auch die Hoffnung, an Vermögenswerte, die er in den USA zurückgelassen hatte, zu kommen, zerschlug sich mit dem Versailler Vertrag: Deutsches Vermögen im Ausland wurde konfisziert und war verloren. Diese Enttäuschungen und zerschlagenen Altersabsicherungen lasten noch heute auf der Familie. Die aktuelle Altersrente ist nur eine Basisabsicherung und bedarf der Ergänzung durch das Altenteil des Hofes. Angesichts des Sterbens bäuerlicher Familienbetriebe auch im engeren Umfeld – so wurde gerade ein Hof in Überhamm mit 300 Stück Milchvieh aufgegeben –

fragt man sich manchmal, welche Überraschungen die Zukunft noch bringen wird.

Vater Schröder blieb vom 2. Weltkrieg nicht verschont und wurde auf der Krim schwer verwundet. Lange Rekonvaleszenz-Zeiten waren erforderlich, um ihn und sein Sprachvermögen wiederherzustellen. Als er 1946 heiratete, wurde Friedrich Karl als zweites Kind nach seiner Schwester geboren und wählte später den Weg in die Landwirtschaft. Zugleich war er Jahrzehnte als Lehrlingsausbilder tätig und beschäftigte auf dem eigenen Hof circa 40 Lehrlinge und Praktikanten, zu denen teilweise noch heute gute Kontakte bestehen. Dass er kommunalpolitisch aktiv und Bürgermeister in Hüttenbusch war, ist immer noch in frischer Erinnerung.

Sohn Ralf hat sich ebenfalls für die Landwirtschaft entschieden und bringt umfassendes betriebswirtschaftliches Fachwissen in seine Tätigkeit ein. Das bewog ihn, den Boxenlaufstall für Milchkühe auf 400 Stück zu erweitern, denn erst ab einer gewissen Größe wird eine Rentabilität des Hofes erreicht und gesichert. Diese Zahlen und die Größe der Anlagen ist manch einem ein Dorn im Auge, es macht den Eindruck der „industriellen Landwirtschaft“. Ralf Schröder ist selbstbewusst und lässt sich durch diese Kritik nicht beirren: „Wenn wir überleben wollen, müssen wir uns den Bedingungen der Marktwirtschaft anpassen.“ Und wer an seinen Wirtschaftsmethoden Kritik äußere, der solle zuerst dafür sorgen, dass die Milchpreise den Landwirten ein Existenzminimum sichern. 13 Cent pro Liter Milch reichen zum Überleben nicht, 40 Cent wären wünschenswert.

Die unbefriedigenden Rahmenbedingungen der Landwirtschaft sind auch eine Ursache, dass die Landwirte dem geplanten Naturpark skeptisch gegenüberstehen. Dazu kommen die Erfahrungen: Als der Vogelschutzrichtlinie der Europäischen Union zugestimmt werden sollte, warb die Osterholzer Kreisverwaltung damit, dass überhaupt keine Auswirkungen auf die Landwirtschaft zu erwarten seien. Das sei eine rein formale Maßnahme. Aber dann kam die EU-Richtlinie mit der Auflage, die Vogelschutzgebiete in Natur- und Landschaftsschutzgebiete umzuwandeln. Und damit die bekannte Sammelverordnung des Kreistages Osterholz.

Angesichts dieser Erfahrungen muss in der Landwirtschaft Vertrauen erst noch neu erworben werden.

3 | Johann Heumann in Stendorf

Johann Heumann

Herr Heumann war der Erste, mit dem wir vom Förderverein im Juni 2018 über die Möglichkeit der Gründung eines Naturparks im Teufelsmoor gesprochen haben. Bei jenem Gespräch benutzten wir allerdings keinmal den Begriff „Naturpark“, wir trauten uns noch nicht. 2018 beherrschte die Unterschutzstellung der Schönebecker Aue die öffentliche Diskussion. Die Landkreisverwaltung hob die Tatsache der Zahlung eines Erschwernisausgleichs für die unter Naturschutz gestellten Flächen hervor, das war für die Land- und Forstwirte wie Herrn Heumann aber überhaupt kein Grund, die Maßnahme positiver zu bewerten. Er äußerte sich damals sichtlich verärgert über den Eingriff der Obrigkeit in über Jahrhunderte gewachsene Eigentumsrechte. Dem wurde mit der Sozialpflichtigkeit des Eigentums aus dem Grundgesetz geantwortet. „Und wo bleibt die Sozialpflichtigkeit des Verwaltungshandelns?“, war die Reaktion, die jedoch keine Resonanz fand.

Uns beeindruckte schon damals die Bedeutung, die der Eigentumsbegriff für Herrn Heumann hatte, und zwar so sehr, dass wir durch geeignete Initiativen erreichen konnten, dass die Unternaturschutzstellung auf die Flächen begrenzt wurde, die in den europäischen Vorgaben beabsichtigt war.

Gerade in Bezug auf die Schönebecker Aue ist es interessant, dass es Herr Heumann und andere Landwirte aus Stendorf wie Herr Rathjen waren, die in den 50er-Jahren des letzten Jahrhunderts verhinderten, dass die Absicht des Wasser- und Bodenverbandes, die Aue bis Heilshorn zu begradigen, nicht umgesetzt wurde, sondern dass diese Maßnahmen an der Habichthorster Straße ein Ende fand.

In Stendorf ist es also nur wegen der damaligen Haltung der Landwirte noch möglich, von einem natürlichen Bachlauf zu sprechen. Als Antwort sollte er nun zulasten der Eigentümer unter Schutz gestellt werden. Schutz gegen wen? Bestimmt nicht gegen diese Eigentümer. Zugegeben, die Argumentation ist nicht ganz stringent und vollständig. Aber an dieser Stelle gilt es, die Sicht und Betroffenheit der Grundeigentümer in den Vordergrund zu stellen und um Verständnis zu werben für deren Haltung.

Immerhin muss man bis ins Jahr 1717 zurückgehen, um das erste Dokument zu Familie Heumann in Stendorf zu finden, als ein Heumann aus Lemwerder in den Hof in Stendorf einheiratete. Dem Vernehmen nach hat bereits die schwedische Verwaltung während des Dreißigjährigen Krieges die Eigentumsverhältnisse der Heumanns in Stendorf erstmals erwähnt. Der Hof war bis Mitte des 18. Jahrhunderts ein Meierhof, das heißt, „ein Zehntel" musste abgeführt werden, in diesem Fall an die St. Ansgars Kirchengemeinde in Bremen. Danach begann die heute übliche Steuerpflicht. Es sind also bald fünf Jahrhunderte, dass Wiesen- und Forstflächen in Stendorf und Umgebung von der Familie Heumann bewirtschaftet werden, und es ist zu erwarten, dass auch die nächste Generation diese Aufgaben übernehmen wird.

Schwer war, wie in vielen landwirtschaftlichen Betrieben, die Zeit des 2. Weltkrieges, als die Männer eingezogen wurden und die Höfe nur noch eingeschränkt oder gar nicht bewirtschaftet werden konnten. Auch große Flächen des Heumann-Hofes mussten damals verpachtet werden. Aber viel schlimmer noch war der Tod der Söhne und Brüder. Zwei Brüder der Heumann-Familie fielen im Krieg, der dritte überlebte nur knapp. Die Zukunft des Hofes stand auf des Messers Schneide. Eigentlich sollte der überlebende Bruder den Hof in Rade übernehmen, nach einigen Wirren der Nachkriegszeit wurde Stendorf dann wieder Stammsitz der Familie Heumann.

In diesen Jahrzehnten übernahm die Familie Heumann auch die gesamte Bewirtschaftung der Wiesen zwischen dem Geestrand an der Lesumer Kirche, der Burger Brücke und dem kleinen Lesumer Hafen. Ursprünglich gingen die Flächen bis direkt an den Fluss, damit war Heumann auch für den Unterhalt und die Sicherheit des Deiches verantwortlich. Erst mit dem Bau des Radweges von der Burger Brücke bis zur Lesumer Kirche, mit dem auch die Verlegung von Versorgungsleitungen verbunden war, ging die Deich-Zuständigkeit auf die Stadtgemeinde Bremen über. Aus Sicht der Familie Heumann eine glückliche Entscheidung, denn bei der Sturmflut im Februar 1962 wurden große Bereiche des Deiches völlig zerstört, die Familie wäre mit einem Wiederaufbau überfordert gewesen.

Die Geschichte war von Höhen und auch Tiefen geprägt, aber meist war die Entwicklung positiv. Immerhin 150 ha Fläche werden heute von Familie Heumann bewirtschaftet. Rückschläge gab es wie überall: Eine Scheune brannte zwischen den beiden Weltkriegen ab, dort, wo heute die Maschinenhalle steht. Von weiteren Schicksalsschlägen dieser Art blieb das Wohnhaus glücklicherweise verschont, man „schrammte" lediglich daran vorbei. Um die letzte Jahrhundertwende saß Familie Heumann mit Gästen zusammen, als draußen ein Gewitter mit Blitz und Donner aufzog. Bei einem der Blitze spürten alle, dass dieser unmittelbar in der Nähe oder sogar im Haus eingeschlagen sein musste. Der Bodenraum wurde sofort überprüft, aber nichts gefunden. Damit gab man sich aber nicht zufrieden, denn das Strohdach des Wohnhauses war ein Risikofaktor. Nochmals wurden auch die Ecken und Winkel des umfangreichen Bodenraums in Augenschein genommen, und tatsächlich wurde in einem schwer zu findenden Rand ein Glutnest entdeckt und konnte sofort gelöscht werden.

Am nächsten Tag wurde auch die Umgebung des Wohnhauses kontrolliert und an einer Douglasie wurden abgesplitterte Rindenteile entdeckt. Wahrscheinlich war dort der Blitz eingeschlagen und übergesprungen auf das Wohnhaus. Schweren Herzens entschloss sich die Familie Heumann, das Strohdach, das bei der Größe des Gebäudes eine permanente Überprüfung und Erneuerung erforderlich machte, durch ein konventionelles Ziegeldach zu ersetzen.

Nicht nur der weite Bereich der Forste und der Wiesenlandschaft um die Schönebecker Aue, sondern auch die Lesum-Wiesen zeigen, wie eng der Hof Heumann mit dem geplanten Naturpark verzahnt ist. Umso mehr stellt sich die Frage, welche Auswirkungen er auf die landwirtschaftliche Bewirtschaftung hat. Die Antwort schwankt zwischen „Mehr Naturschutz = Beeinträchtigung" bis hin zu „Da merken wir gar nichts von!" Weder das eine noch das andere dürfte zutreffen. Entscheidend ist das Prinzip: „Da geschieht nur etwas, wenn du einverstanden bist. Ausdrücklich einverstanden!"

Im Bereich der Wiesen an der Schönebecker Aue kann ein Projekt der Wiederansiedlung von Kiebitzen gemeinsam mit den Eigentümern zur Diskussion gestellt werden. Dann geht es um Feuchtflächen, um niedrigen Graswuchs zum Erkennen sich nähernder Feinde, um eine Stilllegung von Drainagesystemen. All das lässt sich unter heutigen Bewirtschaftungsbedingungen nicht umsetzen. Was aber, wenn Wiesen bewusst aus der Bewirtschaftung genommen werden, weil die Zuwegung zu ungünstig ist und/oder die Nachfrage nach Flächen zurückgeht?

Ein Naturpark muss in die Zukunft schauen und gemeinsam mit Landwirten planen. Auch Landwirte wie Johann Heumann erinnern sich schließlich gern an die Kiebitz-Kolonien vergangener Jahrzehnte und verweigern sich nicht Überlegungen zur Wiederansiedlung. Für den Landwirt steht die Erfüllung des Geschäftszwecks der Bewirtschaftung jedoch im Vordergrund. Das muss der Naturpark wissen und seinen eigenen Überlegungen zugrunde legen. Dann kann ein Miteinander funktionieren.

4 | Martin-Kai Köpke in Schwanewede-Beckedorf

Martin-Kai Köpke

Das erste Dokument stammt aus dem Jahre 1535: eine Viehzählung. Der Hof in Familienbesitz wird aber noch einige Jahrhunderte älter sein, denn die Ortschaft Beckedorf wurde 1260 erstmals urkundlich erwähnt. Umso schwerer ist der Familie die Entscheidung gefallen, in dieser Generation den Hof als Haupterwerbsbetrieb aufzugeben.

Der Hof ist nicht das einzige Beispiel für den Strukturwandel der Landwirtschaft in der Region. Die Dorfchronik Beckedorf beschreibt die ehemals bäuerlichen Strukturen, die sich heute in ein beliebtes Zuzugsziel für Bremer Familien gewandelt haben. So auch der Hof Köpke, der bezeichnenderweise direkt an die Flächen des Golfclubs „Bremer Schweiz" grenzt. Heute wird die Hofstelle nur noch im Nebenerwerb bewirtschaftet. Der Schwerpunkt liegt auf der Futtergewinnung für die kleine Pferdezucht. Insofern ist der Bezug zur Landwirtschaft nicht verloren gegangen. Noch nicht, denn ob die nächste, noch recht junge Generation Köpke den Nebenerwerb

Aus dem 16-Pfennig-Schatzregister des Kirchspiels Lesum von 1535

Johann Köpke Bauer
Haus und Inventar 38 Mark
Korn 4 Mark
6 Pferde 2 Fohlen 18 Mark 8 Grote
10 Kühe, 2 Sterken / 1 Enter / 3 Kälber
4 Stiere 37 Gulden 15 Grote
12 Mastschweine / 4 Sauen 14 Ferkel
15 ½ Mark
30 Schafe ~~10~~ 7 ½ Mark

Summe 112 Gulden 11 Grote

Schulden

Berend Köpke 15 Mark als Erbteil
Frereck Köpke 10 Mark
Diedrich von .... 6 Mark

Schuldsumme ~~20~~ 26 ½ Gulden 6 Grote
5 Gulden 12 ½ Grote 1 Schwaren

Dokument zur Viehzählung von 1535

beibehalten wird, lässt sich überhaupt noch nicht beurteilen.

Wie die Beckedorfer Chronik ausweist, ist der 235 Morgen große Bauernhof der einzige Hof in Beckedorf, der nicht nur über mehrere Jahrhunderte hindurch in der Familie vererbt wurde, sondern auf dem auch der Name „Köpke“ all diese Jahrhunderte gleich geblieben ist. Das Dokument aus dem Jahre 1535 weist einen Johann Köpke aus, und so geht es durch die Jahrhunderte bis heute weiter. Bis in die Mitte des 19. Jahrhunderts war der Bauernhof den Landdrosten Marschalk in Stade meierzinspflichtig. Der in jener Zeit tätige Urgroßvater des heutigen Besitzers, der 1844 geborene Martin Köpke, musste dreimal in den Krieg ziehen (1864, 1866 und 1870/71), war dreimal verheiratet und musste dreimal das Haus wiederaufbauen.

In den 1860er-Jahren stürzte der vordere Teil des Hauses bei einem heftigen Sturm ein, das dafür errichtete neue Gebäude brannte 1876 durch einen Blitzschlag ab, und fünf Jahre später wurde der Folgebau wieder durch einen Blitzschlag zerstört. Das reichte Martin Köpke, und er verlegte den Standort weiter gen

Westen, wo noch heute der geräumige Hof steht. Der Hof besaß bis weit ins 20. Jahrhundert hinein eine bedeutende Schafherde und beschäftigte einen eigenen Schafhirten. Das Bauerngehöft lag ursprünglich an der Ostseite der Blumenthaler Aue, ist aber vermutlich um 1800 auf die Westseite des Baches verlegt worden.

Die Böden der Hofanlage sind von sehr unterschiedlicher Beschaffenheit und entsprechend unterschiedlich geeignet für die landwirtschaftliche Bearbeitung. Teilweise ist reiner Sandboden festzustellen, der immerhin für den Sandabbau geeignet war, auf der anderen Seite der Aue prägt Lehm den Boden, mit den bekannten unterschiedlichen Eigenschaften im feuchten Winter und trockenen Sommer. Insofern hatte der Hof Köpke andere Bedingungen als die Kollegen in der Marsch und musste die daraus entstehenden Nachteile durch eine Vergrößerung der zu bewirtschaftenden Flächen ausgleichen.

Angesichts dieser Geschichte des Hofes und der Familie Köpke nimmt es nicht wunder, dass der Familie der Abschied von der Landwirtschaft als Haupteinnahmequelle außerordentlich schwerfiel und lange Zeiten der Abwägung und des Zweifelns beinhaltete. Ein Argument war nicht zuletzt der ins Bodenlose gesunkene Preis für die Schweinezucht, nebst Auflagen, die sich aus der Lage in einem Wasserschutzgebiet ergaben. Letztendlich überwog die Notwendigkeit, der Familie eine stabile wirtschaftliche Zukunft zu sichern, und das Angebot des neu gegründeten Golfclubs „Bremer Schweiz“ zur Pacht eines großen Teils der Hofflächen wurde angenommen. Heute gehören zum Hof immerhin noch 60 ha Grundfläche, teilweise Grünflächen, teilweise bewaldet: So, wie es den Reiz der Bremer Schweiz ausmacht.

Die Familie Köpke war und ist immer in der Jagd tätig gewesen, Martin-Kai Köpke hat sich auch für die CDU in der Kommunalpolitik engagiert und verfolgt daher mit persönlicher Betroffenheit die Entwicklung der Landwirtschaft. Für kleine Familienbetriebe sieht er schwierige Überlebensbedingungen in der Zukunft. Nicht nur wegen der immer schärfer werdenden Auflagen aufgrund der Klimakrise und der daraus resultierenden Politik, sondern auch wegen der Ausdehnung der unter Schutz gestellten Flächen.

Mit Sorge sieht er die Risiken, die daraus entstehen: Wenn Höfe aufgegeben werden und wegen der Kleinteiligkeit der Flächen nicht von Großbetrieben übernommen werden, besteht für die Flächen die Gefahr der Verkrautung und Verbuschung. Die von Menschenhand geschaffene Kulturlandschaft bedarf ständiger Pflege- und Erhaltungsarbeit, auch um die Tier- und Pflanzenarten so zu erhalten, wie es z. B. aus Gründen des Schutzes der Artenvielfalt wünschenswert ist.

5 | Torsten Wischhusen in Giehlermühlen

Torsten Wischhusen

Der Hof der Familie Wischhusen gehört nicht zu den „Alteingesessenen", sondern wurde erst im Jahre 1957 erworben. Damals war die Familie großmütterlicherseits in Bremen-Buntentor zuhause und musste die Flächen für die Flughafenerweiterung zur Verfügung stellen. Die Familie väterlicherseits kam aus Oberneuland. Sie waren leidenschaftliche Pferdezüchter.

Hinrich Wischhusen, der Vater von Torsten, hatte gerade seine Frau Gerda, geb. Meybohm, geheiratet. Torsten wurde 1960 geboren und wuchs in Giehlermühlen auf. Wie im Buntentor ist der Hof geprägt von Grünland einerseits und Ackerland andererseits. Auf der nördlichen Seite der Bundesstraße liegt sandiger Boden, der über die Jahrzehnte seit dem Einzug allmählich durch eigenwirtschaftliche Stoffe von der Hofanlage fruchtbarer gemacht wurde. Die Ackerkrume hatte zu Beginn lediglich eine Stärke von 10 bis 15 cm, jetzt beträgt sie immerhin 25 bis 28 cm. Auf der Hofseite schließt sich Grünland auf einem mächtigen Moorkörper an.

Als die Familie 1957 nach Giehlermühlen zog, übernahm sie eine Hoffläche von 190 ha. Heute beträgt die Betriebsgröße 350 ha, der Hof gehört damit zu den größeren Betrieben im Landkreis Osterholz. Damals wurde mit vielen Tagelöhnern gearbeitet und die ganze Mannschaft mittags verköstigt. Torsten Wischhusen erinnert sich an einen alten Mann auf dem Hof, von dem gesagt wurde, er stamme aus Bessarabien. Sein Deutsch blieb zeitlebens außerordentlich lückenhaft, oftmals war die Verständigung nur durch Gesten möglich. Aber ordentlich aufregen konnte er sich. Das konnte dazu führen, dass im Streitgespräch schon mal sein Gebiss durch die Luft segelte. Einmal sei es auch im Pferdemist gelandet – vergangene Zeiten!

Damals stand die landwirtschaftliche Produktion mit Milchvieh im Vordergrund. Die Tiere wurden im Anbindestall an Ketten gehalten – heute unvorstellbar.

Sechzig Jahre Existenz des Hofes der Familie Wischhusen in Giehlermühlen sind aber auch ein Beispiel für den Strukturwandel in der Landwirtschaft, der sich immer schneller entwickelt und dessen Ende nicht absehbar ist. Eine der Antworten der Familie Wischhusen auf diese Einflüsse war eine Vergrößerung des Hofes. Andere Antworten liegen in Änderungen der Produktion und in der Diversifizierung.

Von der ursprünglichen Milchkuhhaltung wechselte man zur Mutterkuhhaltung. Die Kartoffelproduktion, die zu Beginn auch in Zusammenarbeit mit der Brennerei in Hellingst zur Herstellung von Spirituosen genutzt wurde, wurde längst aufgegeben, das Ackerland wird flexibel bewirtschaftet, Roggenanbau steht dabei im Mittelpunkt.

1972 bewirkte ein Orkan mit großflächigem Baumbruch einen fast spontanen Strukturwandel besonderer Art: Auf den besonders betroffenen Flächen und Schneisen wurde ein Golfplatz gegründet. Heute gehört der Golfclub Giehlermühlen zu den schönsten seiner Art in Deutschland: Auf insgesamt 35 ha beginnt der Rundkurs mit unterschiedlichen Baum- und Straucharten, vom Sandboden geht es über das Springmoor mit seinem wolligen Honiggras.

Apropos wolliges Honiggras: Da drängt es Torsten Wischhusen von der ersten Erfahrung mit den Auswirkungen eines kurzsichtigen Naturschutzes zu erzählen: Früher sei es selbstverständlich gewesen, dass die Weidetiere die moorigen Flächen des Springmoores abgrasten, sobald der Untergrund so weit abgetrocknet war, dass sie ihn betreten konnten. Bis auch einem Vertreter der Naturschutzbehörde die Schönheit der Flächen bewusst wurde: „Der Bereich ist zu wertvoll, um von Weidetieren niedergetrampelt zu werden. Da gehört ein Zaun umzu!"

Gesagt. Getan. Geschützt? Ja, kein Vieh betrat nunmehr das wollige Honiggras. Und nach wenigen Jahren wuchsen die Kiefern und Birken meterhoch, und vom wolligen Honiggras war nichts mehr zu sehen. Während früher vom Golfplatz der Blick ins Springmoor ging, sieht man heute nur noch Birkenwald. Nicht nur die Milchkuhhaltung wurde durch Mutterkuhhaltung und Fleischproduktion abgelöst, sondern der Hof hat sich auf eine spezielle Rinderrasse konzentriert, das Limousin-Rind. Es stammt aus französischer Zucht, der Bestand auf dem Hof umfasst heute 120 Tiere.

Limousin-Rind
| Quelle: Wikipedia

Einen weiteren Schwerpunkt der Entwicklung hat Wischhusen auf die Grassamenvermehrung gelegt. Anlass ist die Tatsache, dass alle drei bis vier Jahre mit einem Totalausfall der Vermehrungsfläche zu rechnen ist. Dieser entsteht entweder durch Mäusefraß oder durch Graugänse, die im Winter die Flächen „befallen", abfressen und den Rohstoff Grassamen in Kot umwandeln.

Der Ackerbau macht heute 143 ha aus und besteht aus wechselnden Fruchtfolgen mit schwerpunktmäßig Roggen, Raps und Erbsen als Eiweißlieferant sowie Winter- und Sommergerste. Damit kann auch das Kraftfutter selbst produziert und auf einen Zukauf von Soja verzichtet werden.

Zum Schluss unseres Gesprächs wendet man sich wie selbstverständlich Fragen der Gesellschaft zu: Was wird heute von der Landwirtschaft erwartet, wie kann der Landwirt den Erwartungen gerecht werden? Welche Zukunft hat die Landwirtschaft?

Torsten Wischhusen sagt für seine Person: „Ich bin in der Überzeugung erzogen worden, dass es die Aufgabe der Landwirtschaft ist, die Menschen zu ernähren.“ Dem stehen einerseits die sich ändernden Wünsche der Verbraucher entgegen, andererseits die sich kontinuierlich verschärfenden Auflagen der Umweltpolitik. War es in der Vergangenheit die Regel, dass ein Schwein bei einem Gewicht von 200 kg geschlachtet wurde, ist dieses heute bei 100 kg der Fall, weil der Verbraucher fettfreies Fleisch wünscht.

Hat es Hinrich Wischhusen auch geschafft, auf dem nicht ideal geeigneten sandigen Ackerboden durch Verbesserung des Humusgehaltes die Erträge auf 30 dt/ha zu verdoppeln, so ist mit ähnlichen Mitteln eine weitere Steigerung heute nicht mehr möglich. Dies kann nur durch Züchtung hochwertigerer Getreidesorten erreicht werden, z. B. durch Hybridroggen oder Kreuzungen von Roggen und Weizen. Dafür sind Düngemaßnahmen und Pflanzenschutzmittel erforderlich, die immer mehr vom Gesetzgeber zurückgedrängt werden.

Im Jahr 2021 sind die Böden wegen des akzeptablen Winters mit Nachfrösten sowie des feuchten Frühlings gut mit Wasser versorgt. Aufgrund der neuen Düngemittelverordnung und den damit verbundenen geringeren Stickstoffgaben sind die Bestände jedoch ausgedünnt. Dadurch sind die Pflanzen angreifbarer für Erreger von Krankheiten, aber der Einsatz von Pflanzenschutzmitteln wurde und wird immer weiter eingeschränkt. Eine Steigerung oder auch nur Beibehaltung des hohen deutschen Produktions- und Qualitätsstandards ist angesichts dieser Entwicklung nicht möglich. Die Alternative, durch Hinzukauf von Flächen zu wachsen, ist nicht realistisch angesichts gestiegener Pacht- und Grundstückspreise: Diese haben sich verdreifacht. Die Folge ist – die Aufgabe des Hofes.

In Vollersode sind von ehemals 16 Höfen noch zwei übrig, im benachbarten Kuhstedt ist die Tendenz genauso. Weitere Alternativen sind schwer auszumachen. Eine Bullenmast würde Investitionen erforderlich machen, denen die Risiken weiterer Auflagen in der Tierhaltung entgegenstehen. Eine Direktvermarktung der Produkte haben die Söhne von Torsten Wischhusen begonnen, mit gutem Erfolg und ähnlich wie viele Betriebe in der Umgebung. Aber wirkliche Alternativen sieht Wischhusen darin nicht.

Die Landwirtschaft als Pflegepartner des Naturschutzes? Ein schwieriges Feld angesichts der Neigung des Naturschutzes, den Landwirt als Erfüllungsgehilfen in Anspruch zu nehmen statt als Partner zu verstehen. Wie es weitergehen soll? Wischhusen ist unsicher. Einfache Lösungen gibt es nicht, komplizierte Lösungen neigen dazu, unrealistisch zu sein. Die Gesellschaft und die Politik müssen wissen, ob sie eine lebensfähige Landwirtschaft wollen. Aber wenn weiter mit immer neuen Auflagen die Lebensfähigkeit eingegrenzt wird, ist das auch eine Antwort.

6 | Hans-Hermann Böttjer und Günter Renken in Bornreihe

Günter Renken

Die Bornreiher Straße wurde im Zuge der Moorkolonisierung durch Jürgen Christian Findorff besiedelt, der Ur-Urgroßvater von Hans-Hermann Böttjer war einer der Siedler. Geboren wurde er 1813, Anfang 1840 siedelte er sich an der Bornreiher Straße Nr. 4 an. Die offizielle Gründung der Ortschaft Bornreihe erfolgte 1849. Somit fällt diese Landnahme in Bornreihe tatsächlich in die Zeit, als Bremer Kaufleute begannen, sich für eine Sommerfrische an der Lesum und an der Weser im Bremer Norden zu interessieren.

Sommerfrische wäre für Bornreihe allerdings eine denkbar ungeeignete Bezeichnung. Auf der südlichen Seite der „Straße", die damals unbefestigt war und bestenfalls über ausgefahrene Fahrspuren verfügte, wurden den Neusiedlern 2 bis maximal 4 ha Moor zur Verfügung gestellt nach dem Motto: „Nu mok mol!" Die erste Wohnstatt war eine Kate einfachster Bauart, ein besserer Witterungsschutz. Erst allmählich wurde Baumaterial für ein erstes Häuschen aus der Umgebung zusammengesucht, bevorzugt aus Abrisshäusern. Das

Einkommen ergab sich aus dem Verkauf von Torf, der hinter der Kate gestochen, zum Schiffgraben transportiert und von dort zur Hamme und bis Bremen transportiert wurde. Meistens geschah das über die Wümme und den Kuhgraben bis zum Torfschiffhafen in Findorf, aber auch bis zur Lesum unterhalb des hohen Ufers in St. Magnus oder bis Grohn.

Es war im wahrsten Sinne des Wortes ein armseliges Leben. Und doch wurde der Ur-Urgroßvater Böttjer 90 Jahre alt. Aber seine erste Frau verstarb, und er verheiratete sich später mit einer Bewohnerin aus Kuhstedtermoor. Der Großvater von Günter Renken wurde 1886 geboren. Von ihm stammt die Erzählung, dass seine spätere Frau hinterm Weißtorfhaufen geboren wurde: Unter freiem Himmel, auf dem Grundstück, geschützt nur durch einen Haufen Torf.

Kennzeichnend für die Lebensumstände in dieser Zeit war die Nachbarschaftshilfe. Insbesondere Neusiedlern gegenüber war sie überlebenswichtig, denn diese mussten ohne Heizung, sogar ohne Dach über dem Kopf und ohne Bettzeug auf dem Stroh schlafen. Der Nachbar überzeugte sich in kalten Nächten davon, dass sie noch lebten …

Mögen die Männer wie Ur-Ur-Opa Böttjer auch 90 Jahre alt geworden sein, so waren sie doch auffallend häufig mehrmals verheiratet, weil die erste Frau gestorben war. Die Frauen waren die Leidtragenden in jenen Generationen, da sie einerseits Kinder zu gebären hatten, andererseits die schwere Arbeit im Haus und zusätzlich beim Torfstechen zu leisten hatten. Oftmals war es die Schwester der Verstorbenen, die dann geheiratet wurde. Im Krieg änderte sich diese Situation. Nun kamen die Männer nicht zurück und die Witwen mussten einen neuen Ernährer für ihre Familie suchen.

Zurück zur Anfangszeit der Siedler im 19. Jahrhundert: Ein erster Schritt zur Selbstversorgung war die Anschaffung einer Kuh, um die Familie mit Milch und Butter zu versorgen. Daraus entstand eine allmähliche Grünland-Bewirtschaftung. Die Zahl der Kühe wuchs auf bis zu sechs Stück, die größten Landwirte in Vollersode besaßen zwölf Milchkühe. Hinzu kam die Ackerwirtschaft mit dem Anbau von Roggen.

Die Weitergabe des Hofes an die nächste Generation war jedes Mal mit Umbrüchen verbunden. Die überkommene Lösung, dem Ältesten den Hof zu übergeben, scheiterte oft am Unwillen des Betroffenen. Dann musste ein jüngeres Familienmitglied ausgewählt werden, und die Geschwister hatten Anspruch auf eine Abfindung. Die konnte in einer Kuh pro Jahr bestehen. Der neue Eigentümer hatte lediglich das Vorrecht zu sagen: „Die nicht!"

Die Naturgewalten forderten immer wieder ihren Tribut: 1890 schlug der Blitz in das Wohngebäude der Familie Renken ein, man fand die Glutnester und wollte sie in einem schnell gegrabenen Loch löschen. Als jedoch Wasser eingefüllt wurde, kam auch Sauerstoff an das Glutnest und entfachte ein Feuer, dem letztlich das gesamte Gebäude zum Opfer fiel. Das Haus wurde im Fachwerk neu aufgebaut und dient noch heute als Wohnhaus der Familie.

Die Nachkriegszeit war auch in Bornreihe durch einen relativen Wohlstand gekennzeichnet: Es gab genug zu essen. Das stand ganz im Gegensatz zu der Situation in den zerbombten Städten. Aber diese Ver-

Günter Renken mit seinem Großvater vor der alten Kate

hältnisse währten nur kurz. Als Günter Renken 1951 die Schule verließ, war die Landwirtschaft in Bornreihe keine Option. Er begann schon 1954 im nahegelegenen Torfwerk zu arbeiten, um zumindest ab und zu etwas Geld in der Tasche zu haben, was ihm im Elternhaus nicht möglich war. Die Kinder von Hans-Hermann Böttjer arbeiten heute in der Kreisstadt, der Hof wird nur noch im Nebenerwerb betrieben. Es wird z. B. Heu an Reiterhöfe verkauft.

Erst in dieser Zeit, in den 50er-Jahren des letzten Jahrhunderts, wurde auf dem Hof der erste Trecker angeschafft. Dies war ein Wagnis, denn insbesondere in einem nassen Frühjahr waren die Wiesen nass und die Gräben voll. Schnell konnte es passieren, dass der Trecker die Spur verlor und sutsche in den Graben kippte. Hilfe von Nachbarn war mangels geeigneten Geräts nicht möglich, also musste in Eigenarbeit mit Seilen, Klötzen und Hebeln versucht werden, den Trecker zu bergen. Das konnte Tage dauern!

Ungewiss ist die weitere Entwicklung. Ist die Bereitschaft, das Grünland im Nebenerwerb zu bewirtschaften, vorhanden? Werden Flächen möglicherweise zusammengelegt, um bessere Erträge zu erzielen? Was ist mit der Neigung in Ostfriesland oder im Oldenburger Land, überschüssige Gülle auf solchen Flächen zu entsorgen? Das sehen die Familien Renken und Böttjer mit Sorge.

Und dann der Naturschutz! Auch bei Renken und Böttjer ist die Verärgerung über nicht eingehaltene Zusagen groß: „Erst wird versprochen, dass hier nix passiert, dann ist plötzlich die Hälfte unserer Fläche unter Naturschutz. Als ob wir nicht selbst in der Lage wären, die Tierwelt und die Vogelvielfalt zu schätzen und zu pflegen. Das braucht man uns nicht vorzuschreiben."

Günter Renken spottet über die Weltfremdheit von Vogelschützern, die alles in Ruhezonen einhegen wollen: „In meinem alten Traktor brütet eine Schwalbenfamilie im kaputten Rücklicht. Wenn ich mit dem Trecker aufs Feld fahre, kommen die mit. Und wenn ich den Trecker wieder abstelle, setzen sie die Brut fort."

Aber die Politik wisse alles besser und habe immer recht, so Renken weiter. Wenn beschlossen wird, Flächen trockenzulegen, dann werden die Flüsse und Bäche begradigt, wenn eine neue Weisheit Platz greift, dann wird vernässt und die Bäche werden renaturiert. Alles aus fester Überzeugung. Manchmal wären etwas mehr Selbstzweifel wünschenswert.

7 | Jan und Hans-Hermann Böttjer in Bornreihe

Hans-Hermann Böttjer

Während einer Foto-Tour stand der Verfasser vor dem Haus an der Bornreiher Straße 4, um im beginnenden Frühjahr nach Motiven Ausschau zu halten. Hans-Hermann Böttjer sah mich, kam heraus und betrachtete mich mit zurückhaltendem Interesse am Gartentor.

Ich ging zu ihm. „Ich möchte mich vorstellen, mein Name ist Börnsen."

Er: „Ach, der vonne Politik."

Ich: „Ja. Wir überlegen, hier einen Naturpark zu gründen."

Er: „Aha, wieder neue Auflagen."

Das ist die über Jahre gewachsene Reaktion auf Initiativen zu mehr Naturschutz. Im weiteren Verlauf verabredete ich ein erstes Gespräch mit Herrn Böttjer, dem Senior der Familie. Er wollte dann aber seinen Sohn Jan dabeihaben, der in der Kreisstadt Osterholz-Scharmbeck arbeitet. So geschah es.

Die Familie Böttjer hat die Landwirtschaft bereits in den 90er-Jahren des letzten Jahrhunderts aufgegeben, es wurden Berufe außerhalb der Landwirtschaft gewählt. Es gehört noch Grünland zum Hof, das von Nachbarn gemäht wird. In den letzten Jahren sind im Zusammenhang mit der Sammelverordnung verschiedenen Auflagen gemacht worden, es gehören Naturschutz- und Landschaftsschutzgebiete zum Grundstück.

Gegen einen Naturpark bestehen wegen dieser Erfahrungen Bedenken: Wird zusätzlich zu Europa, dem Bund, dem Land und dem Kreis eine weitere Ebene gebildet, die mitredet über das, was auf dem eigenen Grundstück getan und gelassen werden darf? Wird es weitere Auflagen geben? Die Botschaft eines kooperativen Naturschutzes, der bestrebt ist, die Interessen von Landwirtschaft, Jägern und Naturschutz auszugleichen, wird mit Wohlwollen vernommen, aber wird sie auch umgesetzt? Und wenn man den heutigen Verantwortlichen glaubt, was werden die Nachfolger daraus machen?

Mit der Kreisverwaltung in Osterholz hat man durchaus konstruktiv zusammengearbeitet, zu den handelnden Personen besteht ein gewisses Vertrauensverhältnis. Das Misstrauen, zumindest die Skepsis, ist und bleibt jedoch bestehen. Aber man wird die weitere Entwicklung abwarten. Gegen die Auswirkungen eines verstärkten Tourismus bestehen keine Bedenken, sie können Kaufkraft in die Region bringen, und auf die ist sie angewiesen.

8 | Mario Prietz in Hönau-Lindorf

Mario Prietz

An der Wende vom 18. zum 19. Jahrhundert wurden die ersten „Häuser" – wenn man sie in der Anfangszeit denn schon so nennen konnte – in den Dörfern nordwestlich von Bremervörde gegründet: Iselersheim, Hönau-Lindorf, Ostendorf und Mehedorf, die alle auf die Kolonisierung durch Jürgen Christian Findorff zurückgehen und in dieser Region den letzten Zipfel des Moores bilden. In den 70er-Jahren wurden die Ortschaften nach Bremervörde eingemeindet, konnten aber ihren besonderen Charakter als Moor-Straßendörfer bewahren. Von der Geschichte zeugt auch der Graben entlang der Straße, auf dem früher die Torfkähne nach Bremervörde zur Oste geschippert wurden. Die Moorschichten sind heute zum Teil nur einen halben Meter stark, in anderen Bereichen bis zu vier Meter, dann wieder abgelöst von sandigen Geestflächen.

In Hönau-Lindorf siedelte sich die damalige Familie Eckhoff an, durch Heirat dann die Familie Brandt und daraus wiederum die Familie Prietz. Mario Prietz ist der erste Sohn, der die Erbfolge antritt. Die Familie Prietz betreibt den Hof noch heute als Haupterwerb auf 215 ha Fläche mit Grünland und Maisanbau. Zur Geschichte der Familie mag Mario Prietz sich nicht so sehr äußern: „Ich interessiere mich mehr für die Zukunft, die wird schwierig genug."

Aktuell sind es die steigenden Energiepreise, die dem Bauern Sorge bereiten. Insgesamt werden für den Hof pro Jahr 30.000 Liter Diesel und Benzin verbraucht, die Mehrkosten können zurzeit nicht an anderer Stelle wieder hereingeholt werden. Und so gibt es immer wieder neue Herausforderungen, die kaum noch bewältigt werden können. Von den einst neun Vollerwerbsbetrieben in Hönau-Lindorf haben nicht zufällig in den letzten Jahren vier Höfe aufgegeben.

Mario Prietz leugnet deshalb auch nicht, mit Sorge in die Zukunft zu schauen. Aber er fühlt sich dem Hof und der Landwirtschaft verpflichtet, sowohl seinen Eltern und Großeltern gegenüber als auch seinen Kindern, deren Zukunft er mit dem Hof sichern will.

Es sind nicht nur steigende Kosten und teilweise sinkende Erlöse, die das Wirtschaften erschweren. Es sind mindestens in gleichem Umfang die ständig zunehmenden Vorschriften und Auflagen, die auf den Ebenen des Kreises, des Landes und des Bundes den Landwirten die Luft zum Atmen nehmen.

Auswege für die Zukunft zu finden, ist schwer. Eine Chance sieht er darin, die landwirtschaftlichen Produkte stärker auf ihre Herkunft zu beziehen, sodass der Konsument weiß, wie und was wo produziert wurde, wo es geschlachtet und wo es verpackt wurde. Das könnte einhergehen mit einer regionalen Vermarktung der Produkte. Damit soll das landwirtschaftliche Handeln aus seiner Anonymität geholt werden.

Zu den Problemen kommt der Bau der Autobahn von der Elbquerung bis Bremerhaven hinzu, die in geringer Entfernung zum Hof verlaufen wird. Allein für den Bau werden 86 ha landwirtschaftliche Fläche in Anspruch genommen, doppelt so viel wird für Ausgleichsflächen benötigt, die dem Naturschutz dienen sollen. Alles in unmittelbarer Nähe.

Vor diesem Hintergrund wird der geplante Naturpark fast als Chance gesehen. Wenn, wie versprochen, Projekte in Abstimmung und im Einvernehmen mit Landwirten geplant und durchgeführt werden, dann könne die Unterstützung durch die Landwirte denkbar sein. Wenn dann noch an Konzepten für die Zukunft gemeinsam mit den betroffenen Landwirten gearbeitet werden sollte, dann erst recht.

9 | Johann Steffens in Ober-Klenkendorf

Johann Steffens

Während in Bornreihe die Siedlerstellen um 1840 vergeben wurden, geschah dies in Klenkendorf, zwischen Gnarrenburg und Bremervörde gelegen, schon im September 1823. Ursprünglich waren es 27 Siedlerstellen und eine Schulstelle mit Landwirtschaft. Dazu kamen später vier Siedlerstellen auf dem Klenkendorfer Keil und sechs Siedlerstellen in Ober-Klenkendorf.

Die Anfänge auf seinem Hof waren, wie die aller Siedler, schwer. Not und Entbehrung gehörten zum täglichen Leben. Landwirtschaft im heutigen Sinn gab es noch nicht. Haupteinnahmequelle war der Torfabbau. Der getrocknete Brenntorf wurde mit dem Schiff, dem „Bullen", nach Bremervörde gebracht und von dort in die Städte, bis Hamburg, verkauft. Der „Bulle" wurde von Hand über zahlreiche Staustufen durch den Oste-Hamme-Kanal Richtung Bremervörde gezogen. Eine schwere Arbeit. Gesegelt wurde nicht.

Erst aus kleinen Anfängen heraus wurden Ackerbau und Viehzucht entwickelt. 1948 hatte der Hof 12 ha landwirtschaftliche Nutzfläche, vier Kühe, zwei

Rinder und zwei Pferde. Nach dem 2. Weltkrieg war das Schnapsbrennen eine Einnahmequelle. Dafür wurden extra Zuckerrüben angebaut.

Als Ober-Klenkendorf im Oktober 1949 an die Stromversorgung angeschlossen wurde, kaufte Hinrich Steffens aus den Einnahmen vom Schnapsverkauf einen 7,5 PS-Elektromotor. 1962 war der Hof auf 27 ha angewachsen. Torfverkauf und Schnapsbrennen gab es nicht mehr. Jetzt lebte man von Ackerbau und Viehzucht. Der Viehbestand war angewachsen, genaue Zahlen liegen nicht mehr vor. Neben Kühen und Rindern gab es Hühner, Sauen und Mastschweine. Auch ein Zuchteber wurde gehalten. Dieser „bediente" auch die Sauen der Nachbarbetriebe. Bis 1998 war der Hof auf 69 ha angewachsen, 61 ha davon waren Eigentum. Gehalten wurden 67 Kühe, 109 Rinder und 25 Mastbullen. Schweine und Pferde gab es nicht mehr.

Schon 1956 begann die Mechanisierung. Am 1. April kam der erste Schlepper auf Johann Steffens' Betrieb, ein 25 PS-Güldner mit Kratzenberg Kraftheberanlage und Mähwerk. Dieser Schlepper wurde gemeinsam mit dem Nachbarbetrieb von Milutin Dunitsch angeschafft. Milutin Dunitsch war ein gefangengenommener Serbe, während des Krieges auf dem Nachbarhof und Schwager von Anna und Hinrich Steffens.

Die Familie Steffens bekam keinen staatlichen Zuschuss, weil der Schlepper angeblich zu groß war. 1959 wurde zusätzlich ein 14 PS-Güldner angeschafft, der heute immer noch auf dem Betrieb existiert. 1969 wurde der 25 PS-Schlepper durch einen „großen" Schlepper ersetzt, einen David Brown mit 48 PS. Am 1. April 1999 wurde der bisher letzte Schlepper gekauft, ein 125 PS-Fendt. Für heutige Verhältnisse sei dieser Schlepper ein eher „kleineres" Modell. So haben sich die Zeiten geändert. Die anderen Maschinen wurden dementsprechend angepasst.

Der Hof wurde ständig vergrößert. Man ist mit den Anforderungen gewachsen. 1960 setzte der Strukturwandel ein, und die erste Hofstelle wurde von einer anderen zusätzlich übernommen. Auch vorher wurden Betriebe aufgegeben, aber dann gab es andere Besitzer, die den Hof weiterbewirtschafteten. Aktuell gibt es in Klenkendorf noch einen Haupterwerbsbetrieb und acht Nebenerwerbsbetriebe. Und auf den Flächen von neun der ehemals 28 Hofstellen wird industriell Torf abgebaut.

Ein tragischer und weitreichender Einschnitt war der Tod des Sohnes von Johann Steffens, Jörg. Danach hat sich vieles geändert. Das Land in Karlshöfen wurde verpachtet. Die übrigen Flächen werden überwiegend extensiv bewirtschaftet. 55 Kühe und 15 Rinder werden noch gehalten. Investiert wird nicht mehr, und irgendwie geht es weiter.

Da es offensichtlich keinen Hofnachfolger geben würde, wurde ab 2005 mit verschiedenen NAU- oder Agrar-Umwelt-Maßnahmen (AUM) gewirtschaftet, und man hat es geschafft, bis zum Renteneintritt 2014 sämtliche Schulden zu tilgen.

2008 kamen Johann Steffens' Tochter Annika, die zehn Jahre in Berlin gelebt hatte, und ihr Mann Mirko wieder nach Ober-Klenkendorf und bezogen die Wohnung des verstorbenen Sohnes Jörg. Einen direkten Bezug zur Landwirtschaft hatten sie nicht wirklich, aber den Hof und die Kulturlandschaft wollen sie erhalten. 2014 übernahmen sie den Hof.

Zur Flächenpflege werden auf 8 ha noch 15 Rinder gehalten, und 40 ha werden zum Heumachen einmal im Jahr gemäht und im Herbst gemulcht.

2012 gründete sich in der Region die Bürgerinitiative „Zum Schutz der Moore und für die Zukunft der Dörfer". Dazu gehörte auch die Kulturlandschaft. Gründe waren der zunehmende Torfabbau bis an die Wohnbebauung heran und die Aussage des Landrats des Kreises Rotenburg/Wümme (damals Hermann Luttmann): „Die Dörfer im Moor haben keine Zukunft und deshalb kann das Moor abgebaut werden."

Treibende Kräfte in der Bürgerinitiative waren Kerstin Klabunde aus Augustendorf, die gerade wieder in ihren Heimatort zurückgekehrt war, und Martina Leitner aus Karlshöfen. Von Anfang an war Johann Steffens dabei, er hatte aber keine Hoffnung auf irgendeinen Erfolg. Dann ist es ihm jedoch gelungen, den damaligen Landwirtschaftsminister von Niedersachsen, Christian Meyer, zu überzeugen, langfristig den Torfabbau einzustellen und statt allgemeiner Wiedervernässung ein Modellprojekt zur klimaschonenden Moorbewirtschaftung durch Wasserstandsanhebung einzurichten.

Versuche zur Wasserstandsanhebung werden derzeit (Stand 2022) noch durchgeführt, es soll ermittelt werden, ob trotz höherer Wasserstände eine Landbewirtschaftung möglich ist. Auch notwendige Ausgleichszahlungen für mögliche Mindereinnahmen oder Mehrkosten sollen errechnet und der Politik vorgeschlagen werden. Erste Ergebnisse liegen vor, aber die Versuche sind noch nicht abgeschlossen. Da abzusehen war, dass die Landwirtschaft im Moor Auflagen zum Klimaschutz erhalten würde, war das Interesse am Modellprojekt groß. Die Bauern wollen ihre Höfe nicht aufgeben. Sie wissen, dass sie keine Zukunft haben, und suchen nach Alternativen, mit denen sie ein Einkommen erzielen können.

Der Hof von Johann Steffens war der erste, der Flächen für das Modellprojekt zur Verfügung stellte. In die Vorflut wurden Wehre eingebaut und auf den Flächen Wasserstands-Messpunkte eingerichtet.

Man würde weiter an Versuchen teilnehmen und Alternativen suchen, die eine Bewirtschaftung zulassen und dem Klima- und Naturschutz dienen. Wenn es gelingt, dass Klima- und Naturschutz zu landwirtschaftlichen Produkten werden, die irgendwie bezahlt werden, könnte das die Dörfer und ihre Kulturlandschaft erhalten und weiterentwickeln. Dazu möchte Johann Steffens beitragen.

Am 19. August 2013 wurde Mika Steffens geboren. Die Erbfolge ist gesichert, aber eine intensive Landwirtschaft wird es nicht wieder geben. Das ist auch nicht gewollt.

10 | Bernd Kück in Langenhausen

Bernd Kück

Der heutige Milchhof war als Siedlerstelle Anfang des 19. Jahrhunderts ausgewiesen worden. Bis zum 2. Weltkrieg wurde er von der Familie Lindemann bewirtschaftet. Dann aber kamen die Kinder aus dem Krieg nicht zurück und er musste veräußert werden. Zwei Bewerber wurden von den Lindemanns vom Hof gejagt – es herrschten raue Sitten im Moor. Opa Kück verstand es aber, durch diplomatisches Auftreten das Vertrauen der Vorbesitzer zu erwerben und bekam den Zuschlag. Bis 1976 wurde der Hof in Erbpacht betrieben. Familie Lindemann hatte Wohnrecht und zusätzlich Anrecht auf regelmäßige Kost: bis zu einem Ochsen im Jahr und sonstige Nettigkeiten. Drei Räume des Hofes waren praktisch von Fremden bewohnt.

Opa Kück hatte ursprünglich auf einem großen Hof in Brillit als Knecht gearbeitet und dann die Tochter des Hauses geheiratet. Was aber keine Erbfolge beinhaltete, dieses Recht stand den Männern zu. Als der ältere Bruder dann meinte: „Nu bün ik dran", schaute sich die junge Familie Kück nach einer eigenen Hofstelle um und kam nach Langenhausen 24. Damals hatte der Hof die traditionelle Größe von 14 ha, durch Zuerwerb einer halben Nachbarfläche wuchs er auf 21 ha. Den Standort des Hofes zeichnet aus, dass er auf einer Sandinsel steht, was ursprünglich als Nachteil angesehen wurde, weil kein Torfabbau möglich war. Die Sandschicht ist etwa 80 cm dick, darunter liegen 3 bis 4 m Moorboden. Die Landwirtschaft konzentrierte sich auf die Zucht und das Halten von Schweinen und Kühen sowie den Anbau von Getreide. Bald aber fand eine Konzentration auf Milchkühe statt. Bernd Kück, der 1968 geboren wurde, kann sich an die Schweine schon gar nicht mehr erinnern.

Bernd wurde zum Landwirt ausgebildet und übernahm danach den Hof. Da sein Vater aber lediglich 20 Jahre älter war, trat das Problem auf, dass der Hof zwei Familien nicht ernähren konnte. Es mussten zusätzliche Einkommensmöglichkeiten geschaffen werden. Bernd baute eine Direktvermarktung von Milchprodukten auf und erhielt dafür die Unterstützung seines Vaters. 1992 begonnen, wurde dieser Zweig konsequent ausgebaut und durch immer weitere Verarbeitungsschritte ergänzt.

Die eigene Vermarktung dieser Produkte stellt vor ganz neue Herausforderungen. Es muss das Interesse der Kunden geweckt und dauerhaft aufrechterhalten werden, dem wechselnden Kundengeschmack muss am besten immer einen Schritt voraus sein. Angefangen wurde mit Rohmilch in Dreiliterflaschen, heute bilden diese nur noch ein untergeordnetes Randprodukt, abgelöst von Butter und Joghurt. Einen besonderen Fokus legt die Familie Kück auf die Zusammenarbeit mit Schulen und Kindergärten, dabei werden auch zahlenmäßig kleine Wünsche berücksichtigt. Und das Ziel ist selbstverständlich, die Schüler auch nach dem Schulabgang als Kunden zu halten. Eigentlich ist dies ein krisensicheres Standbein. Aber dann kam Corona und Schulen schlossen, Kindergärten boten nur eine Notbetreuung. Ein vorher kaum denkbarer Vorgang, der dem Hof vieles abverlangte. Auch wenn die Direktvermarktung nun wieder auf stabileren Füßen steht, die Zukunft im Moor bleibt ungewiss. Deshalb wird beim Modellprojekt Gnarrenburg der Landwirtschaftskammer zur Unterflurbewässerung konstruktiv mitgearbeitet. Auch dem Naturpark steht Bernd Kück nicht negativ gegenüber, aber er hat auch Bedenken, die ihm eine Zustimmung noch unmöglich machen:

Was passiert in der Zukunft mit einer heute noch unbekannten Naturparkverwaltung? Werden dort Herren mit Krawatte und Damen im Kostüm mit guten Einkommen arbeiten, die nicht an einer landwirtschaftsfreundlichen Lösung der Zukunftsfragen interessiert sind? Was, wenn sie mit einem Moor ohne Landwirte liebäugeln? Und führt der Naturpark dazu, dass ganze Flächen zusätzlich unter Naturschutz gestellt werden, weil man glaubt, den Wert und den Reiz der Region jetzt endlich entdeckt zu haben?

Bernd Kück und seine Frau haben zwei Töchter. Eine von ihnen hat Volkswirtschaft in Hamburg studiert, nach dem Studium zog es sie aber wieder aufs Land. Nun ist sie mit ihrem Mann auch bereit, den Hof einmal zu übernehmen. Diese Perspektive ist gesichert, aber die Zukunft noch längst nicht. Die Auflagen aus Berlin sind sind schier unerschöpflich. Sollte z. B. durch bauliche Maßnahmen gewährleistet werden müssen, dass von Güllebehältern nichts ins Grundwasser sickern kann, zieht dies Investitionen von einer halben Million Euro nach sich. Das kann der Hof nicht erwirtschaften. Und dann?

11 | Hans-Hermann Tietjen in Teufelsmoor

Hans-Hermann Tietjen | Foto: Tietjen privat

Die Familie Tietjen wohnt seit 1581 in der Ortschaft Teufelsmoor und hat manche Höhen und Tiefen miterlebt. Hans-Hermann Tietjen erinnert sich gern an die besseren Zeiten, ist aber geprägt von der Diskussion der vergangenen Jahre mit dem Kreistag und der Kreisverwaltung Osterholz über die Sammelverordnung zum Natur- und Landschaftsschutz.

Die Siedlung Teufelsmoor ist um 1335 entstanden, die Teufelsmoorstraße bildet noch heute die Grenze zwischen Niederungs- und Hochmoor. In der Ortschaft gibt es noch sechs Vollerwerbs- und vier Nebenerwerbsbetriebe. Die Definition ist fließend. Es wird teilweise noch gemolken, die Haltung von Mutterkühen überwiegt. Ein Boxenlaufstall wurde angemietet. Die entscheidende Frage ist: Wie entwickeln sich Betriebe und Ortschaft in der Zukunft? Ist die Zukunft von Auflagen und Restriktionen geprägt, oder bekommt der Ort mit einer Gestaltungssatzung Luft zur Eigenentwicklung? Die Stellungnahme der Kreisverwaltung zur

Satzung ist eher restriktiv, man hat die Bedeutung der Eigenentwicklung aus Sicht von Tietjen nicht erkannt.

Die andere große Herausforderung liegt im Regionalen Raumordnungsprogramm (RROP), und dies gilt auch für den geplanten Naturpark. Wenn das RROP einen restriktiven Charakter hat, wird dem Ort Teufelsmoor der Boden für die Zukunft entzogen. Ähnliches gilt für den Naturpark: Wenn auf Grundlage des RROP die Landwirtschaft weiter an Substanz verliert, kann irgendwann die Pflege der Naturschutzflächen nicht mehr gewährleistet werden.

Für die Aufrechterhaltung der landwirtschaftlichen Betriebe sind jedoch hohe Beträge erforderlich. Diese einzuwerben, erscheint aufgrund der Erfahrungen der vergangenen Jahre nicht unbedingt realistisch. Mit dem Naturpark könnten neue Wege und Instrumente gefunden werden. Einfach die Förderkulisse zu erhöhen, ist wohl nicht machbar. Im Dorf muss zudem zumindest die Bausubstanz erhalten werden, jedoch steigen bei konkreten Bauanträgen die Auflagen baulicher Art kontinuierlich an. Die Kosten sind oftmals nicht mehr zu verantworten. Ohne ein gewisses Umdenken der Baubehörde ist die Aussicht für die Ortschaft düster.

Im Hinblick auf den möglichen Naturpark wird befürchtet, dass die Sichtweise der Unteren Naturschutzbehörde übernommen wird, die aus Sicht der Ortschaft völlig aus dem Gleichgewicht geraten ist: Sie verleiht Flora und Fauna die absolute Priorität, hinter der sämtliche Belange der Bewohner und der Landwirtschaft zurücktreten müssen.

Ähnliches gelte für die Naherholung: Es wurden permanent Vorschläge für Rad- und Wanderwege gemacht, das Ergebnis war die Schließung vorhandener Wege im Rahmen der Umsetzung der Sammelverordnung. So geschehen bei einem Radrundweg von der Pionierbrücke entlang der Hamme bis zur Schleuse. Der Landkreis dazu: Ablehnung, die Vögel werden gestört. Deshalb zeigen Eigentümer allmählich eine immer geringere Bereitschaft, Flächen für Wege zur Verfügung zu stellen, weil die Behörde plötzlich ein neues Biotop nach § 30 BNatschG entdecken könnte und „einschreitet".

Mit dem Naturpark könnten ein gewisses Wohlwollen und auch eine gewisse Hoffnung verbunden werden, wenn damit nicht mehr nur das Sagen und die Auflagen einer Behörde ausschlaggebend wären. Dabei wird das Bemühen der Mitarbeiter der Unteren Naturschutzbehörde anerkannt, die Sammelverordnung zu kommunizieren und die Menschen von deren Notwendigkeit zu überzeugen. Sie sei trotzdem über das Ziel hinausgeschossen und habe mehr Auflagen erlassen, als wirklich notwendig seien.

Die Teufelsmoorer werden einem Naturpark aufgrund der vorgenannten Anmerkungen nicht positiv gegenüberstehen.

12 | Johann Daniel Wellbrock und Johann Arend Wellbrock in Teufelsmoor

Johann Daniel (Jan) Wellbrock

„Kannst mi so'n Hus zimmern?"

„Joo."

Anschaulich und lebhaft schildert Jan Wellbrock die Geschichte des Brinkhofs in der Ortschaft Teufelsmoor. Zu Beginn des 19. Jahrhunderts waren Bauern in den Harz gewandert, suchten einen Zimmerer und beschrieben das Bauernhaus, das für drei Familien im Teufelsmoor gefertigt werden sollte. Die fertigen Balken wurden über die Weser und dann die Lesum und die Hamme hinaufgeschifft. Vor Ort wurde das Haus auf einer Wurt gerichtet, die sich aus Moorboden und Worpsweder Sand zusammensetzte. Familie Wellbrock, die den Hof bereits seit Anfang des 17. Jahrhunderts bewirtschaftete, feierte 1816 Richtfest, und so steht das stattliche Gebäude noch heute unter einer Gruppe alter Eichen.

Die Teufelsmoorbauern blicken durchaus stolz auf eine lange Geschichte zurück. Erste Besiedelungen datieren aus dem Jahr 1300, die Region selbst ist ein Überbleibsel der Saale-Eiszeit vor 100.000 Jahren. Bis ins 20. Jahrhundert war dieser Teil des Teufelsmoores berühmt für seine ertragreichen Böden, die von Überschwemmungen der Weser profitierten, welche immer wieder mitgeschwemmte Ackerböden im Teufelsmoor absetzten. Entsprechend neidisch waren „die von der Geest" oder aus dem Ostkreis bis Grasberg auf die „Grasbarone" in Teufelsmoor, denn mit den drei oder gar vier Grasschnitten konnten sie nicht mithalten. Das Blatt wendete sich erst mit der Erfindung des Kunstdüngers durch Justus Liebig in den 40er-Jahren des 19. Jahrhunderts.

Das alte Fachwerkhaus mit seinen grün gestrichenen Balken und roten Gefachen steht unter Denkmalschutz. Aber es steht nicht mehr so wie vor 200 Jahren: Entwässerung und Austrocknung des Moorbodens ließen das Gebäude in den zwei Jahrhunderten absacken, überall musste nachgearbeitet und mussten Schwellen eingebaut werden. Teilweise gibt die Außenwand nach. „Das Einzige, was sich bei euch bewegt, ist das Haus", so der wenig freundliche Kommentar eines Zeitgenossen.

„Min Opa Johann Daniel war befreundet mit Fritz Mackensen von der Künstlerkolonie in Worpswede", erzählt Jan Wellbrock. „Wenn der mal weder nix to eeten har, kam er vorbei und konnte sich den Bauch vollhauen. Nich nur einmal!" Zum Dank fertigte er Porträts von Johann und Dorette Wellbrock an, die selbstverständlich noch heute im Haus hängen. Und als Dorette von Rheuma geplagt wurde, holte Mackensen seinen Freund Bernhard Hoetger ins Haus, der eine Treppe ins Dachgeschoss entwarf und baute. Zudem ließ er einen Erker in der Frontwand errichten, um Dorette den Blick von ihrem Worpsweder Stuhl auf die Auffahrt und zu den Seiten zu ermöglichen. Das hat für ihre Gesundheit Wunder bewirkt.

Mitte des 20. Jahrhunderts wurden durch umtriebige Eigentümer und befreundete Betonbau-Unternehmer Bohrungen am Breiten Wasser, unweit der Hofstelle, durchgeführt. Man entdeckte große Kiesvorkommen, die durch eine Hamburger Firma ausgebeutet werden sollten. Landrat und Kreisverwaltung unterstützten die Pläne, sahen sie doch Umsatz und Gewerbesteuereinnahmen auf die Region zukommen. Aber nicht mit den Landwirten aus dem Teufelsmoor! Die liefen Sturm gegen die Zerstörung ihrer Heimat und trugen ihre Proteste bis hin zum Regierungspräsidenten Dr. Mielke in Stade. Und der setzte die Kreisverwaltung auf den Pott: Er erließ eine Naturschutzsatzung für das Breite Wasser, welche Bodenabbau untersagte. Nur dieser Passus zeichnete die Satzung aus, die landwirtschaftliche Bearbeitung des Grünlandes wurde nicht beeinträchtigt. Anders als in den Jahren danach: Immer neue Auflagen ließ sich der Landkreis einfallen, sodass auch dem Hof Wellbrock allmählich die wirtschaftliche Existenzgrundlage genommen wurde. Anfang der 90er-Jahre führte das zur Gründung des beliebten Café Brinkhoff und später zu dem Melkhus am Sandweg nach Neu-Helgoland.

Der junge Jan Wellbrock war im Alter von 16 Jahren mit Gert Lange, dem Gründer der Ornithologischen Arbeitsgemeinschaft „Regenfleuter", draußen auf der Beeke (s. „Erste Einsätze für einen Naturpark – Vogelbeobachtungsboot Regenfleuter", S. 19).

Damals existierte am Kohlhof eine Lachmöwenkolonie. Jan Wellbrock beschaffte Bohlen, die in das Schilf gelegt wurden und eine Beringung der Möwenküken ermöglichten.

Jan Wellbrock war froh, dass sein Sohn Johann Arend die Hofstelle übernahm und weiter bewirtschaftet. Aber es müssen Tätigkeiten oder Aktivitäten gefunden werden, die die Wirtschaftlichkeit des Hofes sichern. Sonst kann es eng werden.

13 | Bernhard Kaemena in Niederblockland

Bernhard Kaemena

Vor knapp 20 Jahren war der Hof Kaemena einer von mehreren Höfen im Bremer Blockland. Ein Familienbetrieb mit Ausrichtung auf Grünlandwirtschaft und Milchkuhhaltung. Dann entschied die Familie: „Das allein hat keine Zukunft, wir müssen die Produktlinie veredeln, zusätzliche Produkte anbieten, uns neu ausrichten."

Heute hat der Hof Kaemena in Bremen und umzu einen besonderen Ruf als Bio-Hof, der ausgezeichnetes Eis und mit fünf Ferienwohnungen für Familien ein vielfältiges Umfeld anbietet. 80 ha umfasst der Hof und bietet 70 Milchkühen Platz. Die Ferienwohnungen sowie Eisproduktion und -vertrieb an umliegende Restaurants haben sich zu erfolgreichen Produktlinien entwickelt. Die Diversifizierung kann als rundherum gelungen betrachtet werden. Sohn Harje wird gemeinsam mit seiner Frau Birte den Hof übernehmen, die Tochter Frauke Kaemena-Murken, ausgebildete Erzieherin, ist als Bindeglied zur nachwachsenden Generation tätig. Sie erläutert Jugendgruppen die Ausrichtung des Hofes, das Tierwohl bei der Haltung der

Milchkühe, die Besonderheit des Biohofes, kurz, sie bringt der Jugend Natur und Landwirtschaft näher.

Aufgrund der Struktur des Bremer Blocklandes ist eine Strategie der Vergrößerung des Hofes zur Sicherung der Rentabilität nicht machbar und nicht gewollt. Tourismus und Naherholung prägen seit 100 Jahren das Bremer Blockland. Daher ist die Ausrichtung des Kaemena-Hofes nachvollziehbar und passt zudem vollständig in die ganz besondere und wunderschöne Wümme-Deichlandschaft zwischen Lesum und Lilienthal. So hat sich der bäuerliche Familienbetrieb, wie er seit Jahrhunderten existierte, zu einem modernen Arbeitgeber mit Angestellten für die Ferienwohnungen und die Eisproduktion und den Vertrieb entwickelt, in dem das gemeinsame Mittagessen wieder auflebt und in dem jedes Familienmitglied seine eigenverantwortliche Rolle im Gefüge der verschiedenen Funktionen des Hofes wahrnimmt. Damit wird die Geschichte der Familie sicher in die Zukunft geführt und fortgesetzt. Bis in das 17. Jahrhundert kann die Familie zurückblicken, 100 Jahre Kaemena, davor Harjes von der Großmutter her, die bereits früh die Gesamtverantwortung für den Hof übernehmen musste, nachdem der Großvater unerwartet gestorben war. Und es wird noch heute voller Hochachtung davon erzählt, wie sehr sie „ihre Frau gestanden hat".

Der Hof wird geprägt vom Vogelschutzgebiet zwischen Wümme und Autobahn. Das ist jedoch kein Widerspruch. Durch eine vorbildliche Kooperation mit staatlichen Stellen der Umweltbehörde einerseits und Naturschutzverbänden andererseits, insbesondere dem BUND, wird dem Vogelschutz Rechnung getragen und die Landwirtschaft weitergeführt.

Die Kooperation war nicht selbstverständlich, sondern musste „gelernt" werden. Aber nun wird sie seit Jahren praktiziert und ist ein Vorbild für umliegende Kreise. „Weil wir erfolgreich im praktischen Vogelschutz sind, bleibt uns ein Naturschutzgebiet mit seinen starren Auflagen erspart", sagt Bernhard Kaemena.

Das Gespräch fand in einem Ausstellungsraum mit Werken einer jungen Künstlerin statt. „Das Leben auf dem Lande ist für mich untrennbar mit der Kunst verbunden, und diese muss genauso wie die Natur erlebbar sein", so Kaemena. Deshalb finden regelmäßig wechselnde Ausstellungen statt. Auch auf diese Weise kommen immer wieder neue Interessierte auf den Hof. Auch zum Naturpark hat Bernhard Kaemena eine Meinung: „Eine gute Idee, aber was wird daraus gemacht? Es hängt immer von den handelnden Personen ab!" Er sieht die Gefahr der Abgehobenheit, der Selbstgerechtigkeit, des „Badens im Gefühl der eigenen Bedeutung" und des Verlusts der Einbindung in die Realität des praktischen Lebens der Landwirte.

Hauptaugenmerk eines Naturparks müsse die Überzeugung sein, „dass wir im Teufelsmoor in einer gewachsenen Kulturlandschaft leben, in der Landwirte ihren Platz auch in der Zukunft haben müssen, trotz aller Schwierigkeiten". Und der Naturpark muss mit der jüngeren Generation zusammenarbeiten. Vorschlag: Veranstaltung eines „Forums Zukunft Naturpark" gezielt für junge Landwirte, auf dem sich „ausgekotzt" werden kann, um dann allmählich eine gemeinsame Linie zu finden. „Wir wollen Landwirtschaft betreiben und nicht in einem Museum leben."

14 | Stephan Warnken in Huxfeld

Stephan Warnken

Der Name der Familie Warnken war schon immer geläufig in Huxfeld, das 1789 gegründet wurde und heute ein Ortsteil von Grasberg ist. Die Familie Warnken siedelte sich um die Jahrhundertwende auf dem heutigen Standort an, 1914 wurde das große Wohnhaus gerichtet.

Zunächst lebte man hier ausschließlich vom Torfverkauf, vielleicht gab es schon ein paar Ziegen. Später wurde dann richtig Landwirtschaft betrieben. Aber dieser Spruch sagt dabei schon alles: „Den Eersten sien Dod, den Tweeten sien Not, den Drütten sien Brod“ (Des Ersten Tod, des Zweiten Not und des Dritten Brot). Die ersten Siedler hatten wirklich ein schweres Leben hier im Moor und wurden meist nicht sehr alt. Der Boden musste zunächst entwässert und urbar gemacht werden, um überhaupt wirtschaften zu können.

Später gab es dann auf vielen Betrieben eine vielseitige Landwirtschaft. Die meisten hatten Milchvieh und fuhren nach Bremen zum „Hökern“. Das bedeutet, dass die landwirtschaftlichen Erzeugnisse in Bremen verkauft wurden, indem man mit Pferd und Wagen durch die Straßen fuhr, um die Produkte wie Eier, Kartoffeln oder Kohl anzubieten.

Annemarie und Johannes Warnken haben in den 80er-Jahren die Direktvermarktung weiter intensiviert, indem sie sich einen Verkaufsstand anschafften und zum Wochenmarkt fuhren. Zusätzlich wurden Produkte ab Hof verkauft.

Seit 2003 betreiben Stephan und Martina nun den Hof. Sie haben sich jedoch ein touristisches Standbein geschaffen und dadurch die Direktvermarktung mehr und mehr eingeschränkt und inzwischen ganz aufgegeben. Zur Zeit gibt es 50 Milchkühe mit der weiblichen Nachzucht, verschiedene Kleintiere sowie 10 Wohneinheiten mit insgesamt 45 Gästebetten. Neben der Einkommenssicherung dient die Beherbergung auch der enorm wichtigen Öffentlichkeitsarbeit.

Martina Warnken ist die Vorsitzende von LandTouristik Niedersachsen e.V.

Stephan Warnken ist als Vorsitzender des Landvolks im Kreis Osterholz engagiert und sieht sich mit in der Verantwortung zur Sicherung der Zukunft der Landwirtschaft in der Region. Und er sieht dabei den Naturpark Teufelsmoor als wichtigen Partner.

Von der neuen Bundesregierung ist ab 2022 zu erwarten, dass ein Moorschutzprogramm umgesetzt wird, um dem Entweichen von CO_2 durch Austrocknung von Mooren Einhalt zu gebieten. Das wird und soll zu einer Wiedervernässung von Mooren führen. Niedersachsen ist davon am stärksten betroffen, weil hier die landwirtschaftliche Produktion sehr hoch ist und es von allen Bundesländern den höchsten Anteil an Mooren aufweist.

Wenn jedoch die Wiedervernässung – Warnken spricht lieber von Wassermanagement – zu einer Reduzierung des Tierbestandes in der Grünlandregion Niedersachsen und speziell im Teufelsmoor führt, dann sinkt auch das Einkommen der Landwirte in der Lebensmittelproduktion. Also muss nach alternativen Einkommensmöglichkeiten gesucht werden.

Die Paludikultur mit nachwachsenden Rohstoffen auf nassen Böden bietet eine Möglichkeit, jedoch sind Fragen der Vermarktung ungeklärt. Antworten darauf zu finden, muss Teil des Moorschutzprogramms werden, sonst können weder die betroffenen Landwirte überleben noch kann die Kulturlandschaft Teufelsmoor erhalten werden. Zur Einführung der Paludikultur gehören auch Pilotanlagen zur Verwertung der Rohstoffe, möglichst vor Ort in vorhandenen Gewerbegebieten. Dazu gehören ingenieurtechnische Untersuchungen zur Weiterverwendung der Rohstoffe, z.B. als Dämmmaterial.

Die Effekte aus dem Moorschutzprogramm werden die Landwirtschaft, aber auch die Region Teufelsmoor verändern. Dies zu erkennen, bedarf noch vieler Gespräche. Dies umzusetzen, bedarf erheblicher Finanzierungsanstrengungen von Bund und Land, aber auch inhaltliche Klärung und Begleitung. Dabei kann der Naturpark eine wichtige Funktion einnehmen.

15 | Jan von Oehsen in Hambergen

Jan von Oehsen

Landwirt oder Unternehmer? Dumme Frage, denn Landwirte sind Unternehmer. Landwirtschaft oder gewerbliches Unternehmen? Die Familie von Oehsen entschied sich schon in den 50er-Jahren für beide Wege. Zwar gab es zeitweise die Überlegung, die landwirtschaftlich genutzten Flächen zu verpachten, um sich ganz auf die gewerblichen Aspekte zu konzentrieren, aber dafür war man zu sehr der Tätigkeit verbunden. „Landwirtschaft betreibe ich mit Herz und Seele", sagt Jan von Oehsen.

Und das ist angesichts der Herausforderungen in der Zukunft auch gut so. War die Familie schon im letzten Jahrhundert kaum zu bremsen, wenn es galt, innovative Wege zu suchen und zu finden, so setzt sich dieses Denken auch aktuell weiter fort.

Vernässung von Flächen im Rahmen des Moorschutzprogramms? Vorstellbar auf Grünlandflächen, nicht vorstellbar und absolut dagegen auf den Heidelbeerplantagen. Auf den Grünlandflächen im Teufelsmoor denkbar, wenn die CO_2-Einsparung finanziell vergütet wird und der Grünlandaufwuchs vermarktet werden kann. Jan von Oehsen zeigt auf einige Bündel Hanf in seiner Scheune: „Das verwenden wir als Dämmmaterial beim Umbau unserer Gebäude. Wenn später mal abgerissen werden soll, dann ist der Hanf ein ganz normales Abfallprodukt und kann wieder auf dem Acker aufgebracht werden und den Boden mit Nährstoffen und Humus anreichern."

Versuche unternimmt von Oehsen auch mit dem heimischen Rohrglanzgras, das gute Erträge erbringen kann und mit den feuchten Grünlandstandorten gut zurechtkommt. Rohrglanzgras wird von den Pferden gerne gefressen. Man könnte es bzw. andere Aufwüchse bei circa 2 Schnitten pro Jahr auch für die klimafreundliche Herstellung von Strom, Wärme, Dämmmaterial und als CO_2-Speicher für die Herstellung von Pflanzenkohle verwenden.

Voraussetzung für eine erfolgreiche Bewältigung der vielfältigen Probleme, die sich bei einer politisch gewünschten, vielleicht sogar für Moorflächen gesetzlich geforderten Vernässung ergeben, ist jedoch die Kooperation der verantwortlichen Behörden mit den Landwirten. Es ist ein Riesenunterschied, ob ein Wasserstand von 20 oder von 30 cm unter Flur gefordert wird, denn zumindest zu bestimmten Zeiten muss der Landwirt in der Lage sein, die Grünflächen mit dem Trecker zu befahren, um den Grünlandaufwuchs trocken ernten zu können – ohne Gefahr zu laufen, abzusacken.

Die unterschiedliche Ausrichtung des Hofes bzw. der drei landwirtschaftlichen Betriebe kann auch an der Nutzung der insgesamt 340 ha Fläche abgelesen werden: 136 ha sind Grünland, 104 ha Ackerland, 60 ha Wald und 40 ha werden für Blaubeerplantagen genutzt. Letztere wurden bereits in den 80er-Jahren des letzten Jahrhunderts gegründet und benötigten viel Zeit, um die erste Ernte einbringen zu können. Die Heidelbeere liebt einen humusreichen Boden und einen niedrigen pH-Wert, um optimal gedeihen zu können, genauso wie man ihn im Günnemoor vorfindet. Damals habe er die Idee seines Vaters, der umtriebig in ganz Europa war und dabei die Idee zur Nutzung abgetorfter Flächen entwickelte, oft verflucht, heute ist es ein festes Standbein des Hofes geworden. Gefahr droht jetzt allerdings durch Billigimporteure aus Osteuropa, die mit Kampfpreisen versuchen, auf den deutschen Markt zu gelangen.

Eine kleine Anekdote rankt sich um den Vater von Jan von Oehsen. Als er auf einer der Blaubeerenplantagen mal gefragt wurde, wie viel Land ihm denn dort gehöre, blickte er weit um sich und antwortete: „Is all min."

Die Familie von Oehsen bewohnt und bewirtschaftet die Hofstelle an der B 74 seit Beginn des letzten Jahrhunderts. Die Lage an der uralten Straßenverbindung von Bremen nach Stade hat immer auch Auswirkungen auf die Aktivitäten des Hofes. So sind in der Umgebung noch Spuren der tiefen Einbuchtungen von schweren Ochsengespannen zu entdecken, die damals den „Verkehr" auf dem Verbindungsweg darstellten. Und an der Kuhstedter Kirche finden sich Klinker, die in der Ziegelei gebrannt wurden, die sich früher auf der Hofstelle befand.

Ohne Zweifel hat die Familie von Oehsen viel erreicht. Aber zur Zukunftssicherung gehört auch die nächste Generation. Der Sohn ist Kaufmann, die Tochter bereits engagiert in der Plantagenbewirtschaftung. „Es ist alles besprochen und vereinbart, die nächste Generation ist im Boot."

Johann Steffens:
Auszüge aus seinen Erinnerungen

Aus der Dorfchronik zum 175-jährigen Bestehen von Ober-Klenkendorf

Aus Gesprächen zusammengetragen von Johann Steffens

Der Anfang

Mit der Zuweisung der Siedlungsflächen war der Anfang gemacht, allerdings fing damit der Kampf ums Dasein erst an. Wovon sollte man leben? Wahrscheinlich bildeten der Torfstich und der Torfverkauf die wirtschaftliche Grundlage, die neben den Anfängen einer bescheidenen Viehzucht und eines geringen Ackerbaues beschwerlich war.

Das Leben im Moor war schwer. Ausgebaute Wege oder gar Straßen gab es nicht. Das einzige Verkehrsmittel waren die Schubkarren. Die waren schwer, aus Holz und schon bei geringer Belastung sackten sie mit ihren Holzrädern im Moor ein. Neben der schweren Arbeit beim Torfgraben mussten die Grüppen (kleine Gräben) und Gräben ausgehoben und in Ordnung gehalten werden.

Saatland und Weiden wurden angelegt und ein festes Haus wurde gebaut. Gerade auf Letzteres hat Findorff besonders viel Wert gelegt. Er befürchtete, wahrscheinlich zu Recht, dass Menschen, die nur in Hütten lebten, auf lange Sicht verelendeten. Als Bauer auf „eigener Scholle“ wollte man auch ein „standesgemäßes“ Haus haben, eine Familie gründen und seine Frau und Kinder, die damals, in den ersten schweren Jahren nach der Hochzeit oft noch bei den Eltern oder Großeltern blieben, herholen.

Die Landwirtschaft brachte nur geringe Erträge. Durch Herrichtung von Hofland an den Gehöften, also eines Gartens, konnte man Gartenfrüchte anbauen. Die Kultivierung des Bodens ging nur langsam voran, da der Dünger fehlte. Das Moorbrennen war lange Zeit das Verfahren der Moorkultivierung. Die sogenannte Brand- oder Brennkultur ermöglichte den Brandfruchtbau. Man teilte die Hofstellen durch Grüppen in Kämpen ein und begann mit der Anlage eines Saatfeldes. Die darauf befindliche Heide wurde abgemäht und als Viehfutter für den Winter benutzt. Der Boden wurde im späten Herbst mit dem „Moorhauer“ umgebrochen und mit dem mehrzinkigen Hacken bei trockenem Wetter weiter zerkleinert. Der Frost bewirkte, dass die Erdschollen sich lockerten und im Frühjahr durch Sonne und Wind austrockneten.

Das eigentliche Moorbrennen begann im Mai, wenn keine Nachtfröste mehr zu befürchten waren. Man warf trockene Moorstücke auf kleine Haufen und zündete sie an. Die glühenden Torfstücke verteilte man dann auf das Feld. Man achtete darauf, dass das Feuer rasch über die Fläche hinweglief und nicht zu tief in den Boden eindrang. Wenn das Moor brannte, war die Luft voller Rauch, und die Qualmwolken verfinsterten die Sonne. In die dünne, noch warme Ascheschicht säte man Buchweizen oder Roggen, den sogenannten Brandroggen. Die Asche ersetzte den Dünger.

Buchweizen war ein gutes Nahrungsmittel und hatte nun mal nur geringe Ansprüche an den Boden. Der Buchweizenpfannkuchen, die Buchweizenklöße oder die Buchweizengrütze waren eine kräftige Kost, die man bei der schweren Arbeit brauchte.

Moorbrennen hatte den Vorteil, dass man ohne tierischen Dünger zu guten Ernteerträgen kommen konnte. Es hatte allerdings auch den erheblichen Nachteil, dass das Land nach fünf Jahren ausgezehrt war und mehrere Jahre ruhen musste. Moorbrandkultur konnte deshalb nur eine Übergangslösung sein. Langfristig musste die Produktion von Dünger (Mist) durch Viehhaltung im Vordergrund stehen. Hinzu kam die Ernteunsicherheit dieser Methode. Nasse Sommer hinderten die Siedler am Abbrennen des Moores und erschwerten das rechtzeitige Einbringen der Saat. Wegen des sehr nassen Untergrundes vernichteten dazu oft Bodenfröste die Ernte. So erfolgte die Hinwendung zur Viehzucht.

Die planmäßige und genauere Erforschung der Moorbodenarten, ihre Entwässerung, die Düngung und zweckmäßige Bearbeitung begann. Alle mit der Entwicklung in Zusammenhang stehenden wissenschaftlichen Arbeiten übernahm die 1877 in Bremen errichtete Moorversuchsstation. Auf errichteten Versuchsflächen wurde der Wert von Kalk, Phosphor und der Drainage usw. erprobt. Den Moorbauern wurden Beispiele für zweckmäßige Bewirtschaftungsarten gegeben. Die Umsetzung der dort erworbenen Kenntnisse dauerte an. Deshalb gab es bis ins 19. Jahrhundert noch das Moorbrennen. So lange lebten die Moorbauern mit ihren kargen Einkünften „von der Hand in den Mund".

Dann begann der Wandel. Man wusste, dass man zu wenig Vieh hatte. Findorff war davon ausgegangen, dass eine Familie mit sechs Personen zum Leben mindestens 10 Kühe brauchte. Hundert Jahre nach seinem Tod war das immer noch nicht erreicht. So fehlte immer noch der tierische Dünger, vor allem für den Ackerbau. Auch das genügsame Vieh der damaligen Zeit konnte allein von den kargen Heidekräutern der Hochmoorflächen kaum leben. Grüne Wiesen sind für die Ernährung der Kühe notwendig. Der Weidetrieb ins Moor war nur selten möglich, somit war auch gutes Heu Mangelware. Erst durch den Einsatz von künstlichem Dünger stieg das Einkommen der Landwirte und der Lebensstandard in den Moordörfern.

Der Torfstich

Das Hauptanliegen bei der Besiedelung des Moores im Gnarrenburger Raum war die Kultivierung des Moores. Torfstich sollte der Selbstversorgung mit Brennmaterial dienen. Torfabgraben in „großem Stil“ war nicht vorgesehen und konnte in der ersten Zeit wegen der fehlenden Transportmöglichkeiten nicht vorgenommen werden. Erst mussten die Kanäle für einen möglichen Schiffsverkehr hergestellt werden. Da Brenntorf in den Städten wie Bremen und Hamburg gefragt war, entwickelte sich der Torfhandel. Die Kulturarbeit auf den Siedlerstellen trat in den Hintergrund.

Die ersten Abtorfflächen lagen direkt an den Kanälen, die Vorweiden vor den Häusern. Je nach Witterung stand Ende April oder Anfang Mai für die Kolonisten das Torfstechen an. Der Arbeitstag begann mit dem Sonnenaufgang und endete, wenn es dunkel wurde. Um neun Uhr ruhte für kurze Zeit der Torfspaten, es war Zeit für ein Frühstück. Oft gab es Buchweizenpfannkuchen mit Speck.

Wenn mittags die Frauen eine Suppe ins Moor brachten, gab es erst mal eine Pause. Die Jacke unter den Kopf gelegt und eine halbe Stunde lang hingestreckt, begann danach die Arbeit aufs Neue. Gegen 16 Uhr war Kaffeepause mit Brot und rohem Speck

Industrieller Torfstich

oder Schinken. Man brauchte Kraft. Nach Sonnenuntergang wartete zu Hause eine Riesenportion Bratkartoffeln und Milchsuppe.

Zu Beginn des Torfstechens musste die oberste Schicht, der sogenannte Weißtorf, entfernt werden. Dieser „weiße" Torf war über einen Meter dick und als Brenntorf nicht geeignet. Er wurde in der alten, schon vorhandenen Torfkuhle verteilt. Das nahm viel Zeit in Anspruch. Um das schneller zu schaffen, wurden sogenannte „Trudel" (Rollen) gemacht. Mit diesen Rollen konnte man auf einmal eine größere Fläche freiräumen.

Der unter dem weißen Torf liegende schwarze Torf wurde als Brenntorf gebraucht. Dieser Torf ist stark gepresst und eignet sich hervorragend als Brenntorf. Er hat eine mit Braunkohle vergleichbare Heizkraft. Mit dem schmalen Spaten schnitt man, in der Kuhle stehend, senkrecht die Wand herunter. Damit war die Breite der Soden vorgegeben. Mit dem breiten Spaten schnitt man hinter der Bank etwa für drei Soden nach unten. Mit der „Spedelschüffel", einem speziellen Arbeitsgerät, stach man die Soden aus der Bank und warf sie nach oben. Für den Transport der nassen Soden verwendete man einen speziellen Torfwagen. Auf Schienen brachte man die Soden zu dem Trockenplatz.

Zum Trocknen wurden die Soden im Sommer mehrmals umgesetzt. Die frisch gestochenen, noch feuchten und zerbrechlichen Soden, stellte man zunächst in einem losen Verband von dreimal zwei Soden übereinander. Das nannte man „Stucken". Je nach Witterung wurden die Soden nach einigen Tagen oder Wochen geringelt. Jeweils drei Stucken wurden kreisförmig zu einem Ringel übereinandergestellt. Wenn diese Ringel noch einige weitere Wochen dem warmen Wind und der Sonne ausgesetzt waren, lagerte man sie in größeren Haufen oder „Hümpeln" oder, wenn schon vorhanden, in Torfscheunen, bis der Torf im Herbst in die Torfkähne geladen und verkauft wurde.

Bis in die Zwanzigerjahre des letzten Jahrhunderts waren die Moorbauern gezwungen, ihren Lebensunterhalt zusätzlich durch Torfhandel zu bestreiten. Die Erträge aus der Landwirtschaft allein reichten nicht aus. Danach wurde nur noch für den Eigenbedarf gegraben, mit Ausnahme in der Not nach dem Zweiten Weltkrieg. Mit dem Bau neuer Wohnhäuser kam die Zentralheizung. Die mühsame Arbeit im Moor wurde überflüssig. Kohle oder Öl ersetzten den Brenntorf. Torfspaten und „Spedelschüffel" brauchte man nicht mehr. Manchmal stellt man sie noch aus, als Erinnerungsstücke an die „gute alte Zeit".

Forstort Anfang

Es meldeten sich noch viele Kolonisten, die in Ober-Klenkendorf eine Anbaustelle erhalten wollten. Diese Anträge wurden abgelehnt, da man inzwischen entschieden hatte, die noch freie Fläche aufzuforsten. Dieses Gebiet erhielt den Namen „Forstort Anfang" und hatte eine Größe von 424 ha. „Forstort Anfang" war der erste große Versuch, Hochmoorflächen aufzuforsten. Man begann mit diesem Versuch 1860.

Durch ein ausgedehntes Grabensystem wurde zunächst das Moor entwässert. Das Grabensystem hatte eine Länge von circa 1.000 km. Anfangs entwickelten sich die Laub- und Nadelhölzer gut, bis man die Offenhaltung der Entwässerungsgräben vernachlässigte, denn die verursachte zu hohe Kosten. Da die Gräben nicht ausreichend erhalten wurden, war der Wasserstand stets zu hoch, weshalb die Baumpflanzungen in ihrem Wachstum sehr zurückblieben. Man entschloss sich, „Forstort Anfang" wieder abzuforsten.

Das geschah von Januar bis November 1924. Der gesamte Holzbestand von circa 16.000 Festmetern wurde an eine westfälische Holzhandlung verkauft. Diese brachte das geschlagene Holz mit einer Feldbahn zum Bahnhof Brillit. Bei der Anlage der Feldbahn waren zunächst Bedenken geäußert worden, dass der schlechte Untergrund den Anforderungen nicht gewachsen sei. Die unter den Schienen eingebrachten Maschinenpackungen boten einen ausreichend festen Untergrund. Der Abtransport des geschlagenen Holzes ging ohne Schwierigkeiten vonstatten. Nach der Abholzung wurde „Forstort Anfang" an die Domänenverwaltung zur landwirtschaftlichen Kultivierung abgegeben. Die Kultivierung sollte möglichst schnell beginnen.

1932 wurde durch den kirchlichen freiwilligen Arbeitsdienst ein Lager errichtet. Das ist heute Heinrichsdorf. Der kirchliche freiwillige Arbeitsdienst begann mit der Anlage der Vorflut. 1933 wurde dieses Lager vom Reichsarbeitsdienst übernommen. Dieser setzte die Arbeiten an der Vorflut fort. Mitte der 50er-Jahre wurden die Flächen an Landwirte verkauft. Von der Domänenverwaltung, unter der Leitung von Heinrich Kruse, wurde die Kultivierung durchgeführt. Die Vorflut war vorhanden. Die noch vorhandenen Baumstubben mussten gerodet, die Drainage angelegt und der Boden für Acker oder Wiesen hergerichtet werden.

Birken entziehen dem Moorboden viel Wasser

Ein Teil der Flächen aus „Forstort Anfang" wurde etwa ab 1936 den Landwirten zur Kultivierung überlassen, die, mit Ausnahme des Bürgermeisters, nur eine geteilte Hofstelle hatten. Diese Flächen werden von uns heute noch „altes Holz" genannt. Sie gehörten ursprünglich nicht zu den Anbaustellen von Klenkendorf oder Ober-Klenkendorf. Dieser vermutlich zuerst kultivierte Teil von „Forstort Anfang" gehört zur Gemarkung Klenkendorf. Der später kultivierte größere Teil gehört zu Heinrichsdorf.

Milutin Dunitsch (Dunjic), ein Gefangener: Ober-Klenkendorf wird seine Heimat

Nach seiner Gefangennahme durch deutsche Truppen war er im Arbeitseinsatz in Ostfriesland, als er krank wurde. Man brachte ihn nach Sandbostel ins Lazarett. Nach einer Woche im Lazarett gewährte man ihm noch sieben Wochen Schonung im Lager. Diese Wochen waren keine Erholung, sondern wären beinahe sein Tod gewesen. Die Verpflegung war sehr schlecht. Für 12 Mann gab es ein Kommissbrot, je eine Scheibe Rotwurst, zehn Gramm Butter, etwas Zucker, drei Pellkartoffeln und mittags wenig dünne Suppe oder Steckrüben. Im Gegensatz zu den westlichen Kriegsgefangenen erhielten die aus den osteuropäischen Ländern keine Rotkreuzpakete. Milutin Dunitsch ging es schlecht. Er hielt es im Lager nicht aus. Bei der ungewissen Zukunft wollte er lieber sterben. Er ging absichtlich an den Warndraht, um sich erschießen zu lassen. Geschossen wurde nicht. So meldete er sich zum Arbeitseinsatz und kam zu einer Bäuerin nach Ober-Klenkendorf. Die war mit ihrem einzigen noch lebenden Sohn allein. Ihren Mann und einen Sohn hatte sie durch Krankheit verloren. Ein weiterer Sohn war in Russland gefallen. Der letzte Sohn bewirtschaftete mit dem Gefangenen, Milutin Dunitsch, den Hof.

Kurz vor Ende des Krieges hatte die SS sämtliche Wege zum Lager Sandbostel vermint. Johann Poppe, der letzte Sohn, war ausgebildeter Pionier. Er hat viele Minen entschärft und wieder aufgenommen. Eine, auf der Brücke zum Schuldamm, war mit einer anderen verbunden. Bei der Explosion dieser Mine starb am 4. 5. 1945 Johann Poppe, der letzte Sohn der Bäuerin.

Milutin Dunitsch war nur einige Wochen im Lager Sandbostel. Danach, während seiner Arbeit in Ober-Klenkendorf, war er im Außenlager Klenkendorf im Saal der Gastwirtschaft Burfeind untergebracht. Morgens ging er zur Arbeit nach Ober-Klenkendorf und kam abends zurück. Durch die Arbeit auf dem Hof und die Verhältnisse im Außenlager war das Leben erträglicher. Mit dem einzigen Wachmann im Außenlager hatte man sich arrangiert. Das waren meistens Männer aus der Region, die tagsüber ihre Arbeit auf dem eigenen Hof nachgingen. Wenn es zu Übergriffen auf Gefangene kam, meldete man das der Lagerleitung in Sandbostel. Neben einem blutig geschlagenen Rücken mussten zwei Zeugen den Vorfall bestätigen. Oft kam das nicht vor. Milutin Dunitsch erinnerte sich an zwei Fälle. Beide Male wurden die Wachmänner an die russische Front strafversetzt und sind gefallen.

Die Landwirtschaft war wegen der Erzeugung von Lebensmitteln äußerst wichtig für die Kriegsführung. Das verschaffte einem gewisse Privilegien. Abends hat Milutin Dunitsch für die französischen Gefangenen die Wäsche gewaschen und Strümpfe gestopft. Bezahlt wurde er mit Essbarem, mit Seife und Schokolade aus den Rotkreuzpaketen, die diese bekamen. 1942 hatte er während seiner Arbeitszeit in Ober-Klenkendorf die Tochter vom Nachbarhof seiner Arbeitsstelle kennengelernt. Sie mochten sich, und ihr brachte er die Schokolade mit. Nach dem Krieg und seiner Entlassung aus der Gefangenschaft wollte er zurück in seine Heimat Serbien. Er kam bis Köln. Dort hatte er Sehnsucht nach seiner Liebsten in Ober-Klenkendorf. Mit einem geklauten Fahrrad fuhr er zurück und blieb bei der alleinstehenden Bäuerin. Der Vater von Gesine, seiner Liebsten, war gerade beim Backofenanheizen, als Milutin um die Hand seiner Tochter anhielt. Er sagte: „Man habe wohl schon mitbekommen, dass Gesine und er sich mochten, und er wolle fragen, ob sie heiraten dürften?" „Milutin, dat freit mi," war die Antwort. Keine Selbstverständlichkeit so kurz nach der Naziherrschaft und dem Krieg. Schließlich hatte man den Menschen hier doch immer gesagt, dass die Leute aus den osteuropäischen Ländern, und dazu gehörten auch die Serben, minderwertige Menschen sein.

Milutin Dunitsch und Gesine Poppe heirateten im Mai 1947 und blieben zunächst auf dem Hof der Witwe. Bald wurde ihre Tochter geboren. Die Zeiten nach dem Krieg waren schwer. Es gab Zwangsbewirtschaftung. Ein Helfer auf dem Hof wurde mit einem ordentlichen Braten von einem schwarzgeschlachteten Kalb bezahlt. Er teilte das Fleisch mit Verwandten aus Hamburg. Im Zug wurden diese kontrolliert. Wegen Schwarzschlachtens wurde Milutin Dunitsch gleich nach der Währungsreform zu 80 DM Strafe verurteilt. Das war viel Geld. Carsten Burmester riet ihm, mit einer Flasche Schwarzgebranntem zum Richter zu fahren und um Milde zu bitten. An einem Sonntagmorgen fuhren sie zur Wohnung des Richters. Der war ungehalten über so viel Frechheit, nahm den Schnaps und gewährte Ratenzahlung.

10 DM im Monat. Schlachten durfte Milutin nicht mehr. Dafür bekam Familie Dunitsch Lebensmittelmarken. Der Hof gehörte noch der Witwe Gesine Poppe, und die durfte weiter schlachten. Ober-Klenkendorf wurde und blieb die Heimat von Milutin Dunitsch. Auch als er 1960 den Hof verkaufte und Gastwirt in Vollersode wurde. Selbst als er an Altersdemenz erkrankte, war seine Heimat nie sein Geburtsort, das kleine Dorf bei Belgrad, sondern Ober-Klenkendorf. Dort wo man ihn, den Fremden, im Krieg so herzlich aufgenommen hatte.

Erinnerung von Hinrich Steffens an den Straßenbau in Ober-Klenkendorf

Hinrich Steffens, von 1957 bis 1972 Ratsmitglied der Gemeinde Klenkendorf, verstarb 1997.

Der Weg von der K101 bis Ober-Klenkendorf war nur ein notdürftig aufgesandeter Feldweg und ständig in sehr schlechtem Zustand. Am einfachsten war Ober-Klenkendorf noch zu Fuß zu erreichen. Verkaufte Tiere und die Milch, alles musste über diesen Weg zur K 101 gebracht werden. Das war die einzige öffentliche Verbindung. Kartoffeln wurden in kleinen Mengen zur K 101 gebracht. Dort wurde der Wagen vollgeladen Kranke wurden mit einem Anhänger dorthin gebracht, bevor sie von einem Krankenwagen übernommen wurden. Da kann man sich sicher vorstellen, dass die Ober-Klenkendorfer eine feste Straße haben wollten. Die wurde dann unter erheblichen Schwierigkeiten und gegen den Widerstand der Gemeinde bzw. des Gemeinderats in mehreren Etappen bis 1960 gebaut. Dem Rat war eine 1,9 km lange Straße für nur 8 Häuser zu teuer, er wollte keine Kosten übernehmen. Da wurde ein Wegeverband unter der Leitung des Wasser- und Bodenverbandes gegründet. Der Geschäftsführer des Wasser- und Bodenverbandes unterstützte die Ober-Klenkendorfer, wo er nur konnte. Er besorgte Kredite und kümmerte sich um Zuschüsse. Die Kredite mussten die Ober-Klenkendorfer bis 1985 zurückbezahlen.

Der vorhandene Weg wurde mit Sand etwa 60 cm aufgefahren. Im ersten Jahr 600 Meter. Mit Rotklinker wurden 300 Meter gepflastert. Der Sand wurde aus Sandbostel geholt. Im zweiten Jahr wurde das Sandfahren aus Sandbostel untersagt. Wegen der Gewichtsbeschränkung sollte die K 101 nicht mehr mit Lastkraftwagen nach Ober-Klenkendorf befahren werden. Der benötigte Sand wurde danach in Ober-Klenkendorf abgebaut. Eine Abbaugenehmigung hatte man nicht eingeholt. Der Bau wurde vorübergehend stillgelegt. Deshalb musste der Vater von Hinrich Steffens zum Bürgermeister. Dort telefonierte ein Ingenieur des Wasser- und Bodenverbandes mit seinem Chef. Der wollte meinen Vater sprechen und fragte: „Warum wird der Sand vor Ort abgebaut und wer bezahlt das?" Bezahlt wurde der Sand von den

Ober-Klenkendorfern. Der Ingenieur wurde sofort nach Worpswede zurückbeordert. Viel später sagte dieser in der Gastwirtschaft von Milutin Dunitsch, in Ober-Klenkendorf habe er seine Karriere verspielt. Auf Wunsch der Klenkendorfer habe er die Baustelle stilllegen lassen. Das war gegen den Willen seines Chefs. Er wusste es nur nicht.

Auch die Pflastersteine durften nicht bis Ober-Klenkendorf gefahren werden. Die wurden bei der Gastwirtschaft Brünjes in Fahrendorf umgeladen. Als einmal ein LKW spätabends verbotswidrig eine Ladung bis Ober-Klenkendorf gebracht hat, erschien der Leiter des Straßenbauamtes des Landkreises. Ohne sich vorzustellen, verlangte er sofort den Verantwortlichen und wollte die Baustelle stilllegen. Die Männer freuten sich, dass ein Mal ihre Arbeit etwas erleichtert wurde, und dann kam ein unbekannter Typ und wollte Ärger machen. Milutin Dunitsch ging mit erhobener Schaufel und den Worten auf ihn zu: „Du verdammte Zivilist, ick hau die glick de Schüffel op den Kopp." Darauf ergriff dieser schnell die Flucht.

Bei den Pflasterarbeiten sollten täglich sechs Handlanger gestellt werden. Weil diese „zu viel" arbeiteten, reichten dann drei. Man wollte schnell fertig werden. Denn während man an der Straße arbeitete, fehlten die Männer auf den Höfen. Die Bitte an diejenigen Eigentümer, die ihre Flächen von der neuen Straße erreichen konnten, zu helfen, wurde mit Ausnahme von Dieter Poppe und Karl Murck abgelehnt. Während der gesamten Bauzeit ging der Verkehr von und nach Ober-Klenkendorf über den privaten Wirtschaftsweg von Karl Murck.

Auf Dunitschs Diele wurde mit einem Festmahl für alle Beteiligten die Fertigstellung der Straße gefeiert. Ein Freudenfest: die Ober-Klenkendorfer hatten ihre Straße. Die gemeinsame, anstrengende Arbeit schweißte die Dorfgemeinschaft für viele Jahre fester zusammen.

Anmerkung

Es ist fast fünfzig Jahre her, seit die Straße in Ober-Klenkendorf gebaut wurde. Die Ober-Klenkendorfer empfanden es als ungerecht, dass sie im Gegensatz zu den Klenkendorfern für die Straße bezahlen und Eigenleistungen erbringen sollten. Aber sie wollten die Straße und haben sie auch bekommen. Wenn die Menschen etwas unbedingt wollen, nehmen sie auch Belastungen in Kauf. Wenn man weiß, unter welchen Schwierigkeiten die Straße gebaut wurde, hat man Verständnis dafür, dass manche Alten noch Jahre später nach dem Motto „Wir haben die Straße bezahlt und ihr fahrt sie uns kaputt" mit Argusaugen auf die Einhaltung der Gewichtsbeschränkung „ihrer" Straße achteten.

Sollte die Gemeinde Gnarrenburg für die Instandsetzung der Moorstraßen einmal Anliegerbeiträge erheben wollen, sollte sie berücksichtigen, dass in Ober-Klenkendorf, vermutlich als einzigem Moorort in der Gemeinde, schon einmal bezahlt wurde. Notfalls muss man sie dann darauf hinweisen.

Gloria in Desertis Deo (Ehre sei Gott in der Wüste)

Dieser Spruch steht über der Eingangstür der Kirche in Gnarrenburg. Er sagt vieles über die Landschaft aus zu der Zeit, als die Moordörfer gegründet wurden. Die Landschaft besteht aus Hochmoor, welches nach der Eiszeit entstanden ist. Die Moorlandschaft war unzugänglich. Nur in Zeiten großer Dürre oder bei Frost konnte man sie betreten.

1765 begann Jürgen Christian Findorff mit der Anlage des Oste-Hamme-Kanals. Dieser Kanal ist auch heute noch die Hauptentwässerungsanlage für das Moor. Danach konnten weitere Entwässerungsgräben, vor allem zwischen den Siedlungsstellen, angelegt werden.

Was veranlasste die Menschen, in dieser unwirtlichen Landschaft Kulturpionierarbeit freiwillig auf sich zu nehmen? Das Leben der ersten Anbauern war voller Entbehrung und Nöte, aber ihnen bot sich die Möglichkeit, hier eine Anbaustelle zu bekommen und für sich, ihre Kinder und ihre Enkel auf eigener Scholle eine neue Heimat zu finden. Sie mussten nicht in die weite Ferne ziehen oder gar auswandern. In ihrem bisherigen Leben hatten sie meistens nicht die Chance zu einer Existenzgründung gehabt. Nicht die Erstgeborenen wollten im Moor siedeln. Es waren die nicht erbberechtigten Söhne, die sonst als Knecht oder Häusling ihren kargen Lebensunterhalt verdienen mussten.

Die ersten drei Siedler in Ober-Klenkendorf, Johann Viets, Adolf Hinck und Johann Mahnken, erhielten ihre Stelle zu Meyerrechten. Der Meyerbrief regelt das Rechtsverhältnis zwischen dem Grundherrn und dem Siedler. Es ist eine Art Pachtvertrag, der den Rechtszustand gesetzlich festlegt. Die Kolonisten waren Meyer (Pächter), und der Grundherr war der Fiskus. Der Meyer verpflichtete sich zu sorgfältiger Bewirtschaftung seiner Anbaustelle. Er durfte davon nichts versetzen, verpfänden oder veräußern und musste seinen Verpflichtungen pünktlich nachkommen. Sonst galt er als des Meyerrechts „verlustig“. Er wurde „abgemeyert“ und musste die Stelle verlassen. Die nach

Ablauf der Freijahre zu zahlenden Meyerzinsen und andere Abgaben sind im Meyerbrief genau angegeben. Die ersten drei Siedler in Ober-Klenkendorf erhielten die gleichen Bedingungen wie die letzten Kolonisten in Augustendorf. Diese lauten:

1. Die Anbauer erhalten einen Meyerbrief und unterwerfen sich dem herrschaftlichen Meyerstatus und allen Verpflichtungen und Verhältnissen der herrschaftlichen Meyer, sowie allen von Seiten der Gutsherrschaft zu treffenden Anordnungen und Vorschriften namentlich und rücksichtlich der Holzpflanzungen.
2. Die Anbaustellen werden mit der Dorfschaft Klenkendorf vereinigt.
3. Die Anbaustellen werden mit den übrigen Kolonisten im Gnarrenburger Moore sogleich in einen Verband treten und müssen allen Steuern, Abgaben und Lasten, die auf den Moorkolonisten und deren Stellen ruhen oder noch gelegt werden, sich unterwerfen und selbige ohne Beisteuerung der Herrschaften tragen.
4. Die Anbauern gehören zur Kirche Gnarrenburg und sind verpflichtet, zur Unterhaltung der Kirche, Pfarre und Schulgebäude zu concuriren, auch die gewöhnlichen Steuern und sonstigen Gebühren zu errichten. Dieselben erhalten in der gedachten Kirche je zwei Mannstände und einen Frauenstand und sind verbunden, nach Ablauf der ersten sechs Freijahre, vom 1. Juli 1833 an gerechnet, den beim Bau der Kirche dafür bestimmten Preis zu bezahlen. Auch müssen dieselben, gleich den übrigen Anbauern zu Klenkendorf, zu den Kosten der Instandhaltung und Unterhaltung des Schulhauses beitragen und für den Schullehrer die Meyergefälle bezahlen.
5. Die Anbauern machen sich verbindlich, bis zum 1. Juli 1836 auf ihrer Stelle ein ordentliches Wohnhaus zu errichten, in dem sie sonst ihre Stelle ohne irgendeine Entschädigung für die etwa vorgenommenen Kulturen verlangen zu können, verlustig sind. Nach vollendetem Hausbau erhalten sie eine Vergütung von 5 Talern, 3 Groschen, 4 Pfennig Courant und einem Malter Roggen oder den Wert desselben nach der Koriner Tax.
6. Die Anbauern bezahlen einen beständigen Meyerzins, inklusive aller Naturalienzehnten und ungewissen Gefälle, namentlich des Weinkaufs, der Fiskus- und Amtsgebühren und der so genannten Stiefelgelder, nach Ablauf der ihnen vom 1. Juli 1833 bis dahin 1843 bewilligten 10 vollen Freijahre: 3 Reichstaler, 8 Groschen Conventions-Münzen oder 3 Reichstaler, 10 Groschen, 3 Pfennige Courant-Münzen und nach Beendigung der ihnen vom 1. Juli 1843 bis dahin 1863 zugestandenen 20 halben Freijahre das Doppelte mit: 6 Reichstalern, 16 Groschen Conventions-Münzen oder 6 Reichstalern, 20 Groschen, 5 Pfennigen Courant-Münzen jährlich am Michaelistag an die Renteikasse Bremervörde, und können aus keinem Grund Anspruch auf Remission machen.
7. Die Anbauern sind verpflichtet, ihre Stellen bei Verlust derselben zu kultivieren, in Stand zu setzen und zu erhalten, auch haushälterisch zu benützen und davon nichts zu verpachten, zu verpfänden

und zu veräußern, sowie sie gleich den übrigen Kolonisten zu Klenkendorf, die dort auf herrschaftliche Kosten angelegten und noch anzulegenden, auch anderen Kolonisten zur Mitbenutzung zu überlassenden Werke, worunter jedoch ein Schiffsgraben nicht begriffen ist, nach Vorschrift des Amtes und des Moorkommissars zu unterhalten und zu erweitern haben und sich gegen einen verhältnismäßigen Erlass an dem Zinse, der Abnahme eines Teils ihres Anbauplatzes beschaffenen Moorkulturanlagen, gefallen lassen müssen.

8. Wenn nun die Anbauern diesen allen gehörig nachkommen, so sollen sie, nebst ihren Ehefrauen, die ihnen überlassene Anbaustelle nicht allein zu ihren Besten benutzen können und bei dem Meyerrechte geschätzt und vertreten werden, sondern es sollen auch ihre Kinder, wenn sie sich dazu qualifizieren und das Gebührende leisten, von anderen die nächsten zur Stelle, sonst aber des Meyerrechts verlustig sein.

Die ersten Bewerber, denen eine Anbaustelle in Ober-Klenkendorf verliehen wurde, waren Johann Viets aus Fahrendorf (zugeteilt am 29. Mai 1833), Adolf Hinck aus Fahrendorf (zugeteilt am 25. Februar 1834) und Johann Mahnken aus Hüttendorf (zugeteilt am 25. Februar 1834). Sie konnten wählen, ob sie die Anbaustelle zu freiem Eigentum oder zu Meyerrecht haben wollten. Sie entschieden sich für das Meyerrecht. Für Adolf Hinck, der zwischenzeitlich verstorben war, gab seine Witwe die Erklärung ab.

Weitere Anbauern waren Diedrich Poppe aus Klenkendorf (zugeteilt am 23. Dezember 1838), Christoph Riggers aus Fahrendahl (zugeteilt am 23. Dezember 1838) und Hinrich Heinsohn (vermutlich zugeteilt am 23. Dezember 1838). Diese Anbauern erhielten ihre Stelle zu freiem Eigentum. Sie mussten auf ihren Stellen innerhalb eines Jahres ein Wohnhaus errichten.

Erinnerungen von Johann Poppe

Johann Poppe war Wachmann für Gefangene im Außenlagerkommando Stalag XB. Die offizielle Bezeichnung des Kriegsgefangenenlagers in Sandbostel war Mannschaftsstammlager B im Wehrkreis X (10). Bis zum 1. 10. 1944 unterstand das Lager der Wehrmacht. Dann übernahm die SS die Kontrolle. Zum Lager gehörten bis zu 780 Außenlagerkommandos, in denen Kriegsgefangene in Gruppen von zehn bis vierzig Mann Zwangsarbeit leisten mussten. Untergebracht waren sie in stacheldrahtumzäunten Scheunen, Lagerhallen oder Tanzsälen. Die überwiegende Zahl der Gefangenen wurde in der Landwirtschaft eingesetzt. Sie wurden in der Regel auf den Bauernhöfen gut behandelt. Die Arbeit auf den Höfen musste zur Ernährung der Soldaten und der Bevölkerung aufrechterhalten werden. Das ging nur mit den Gefangenen.

Am 26. 2. 1943 schrieb die Bremervörder Zeitung: „Wir haben also einen Krieg, der verlangt, daß sie (die Kriegsgefangenen) für uns produktiv schaffen. Dafür werden sie ernährt, bekleidet, ja sogar von ihren volkseigenen Trupps hin und wieder mit Unterhaltung versorgt (im Lager). Das hat seinen Sinn, weil es unserer Produktion dient." Die Wachmannschaften wurden dazu angehalten, „auf schärfste auf Ausnutzung der Arbeitskraft zu achten".

Gefangene, die sich mit landwirtschaftlicher Arbeit auskannten oder das sagten, bekamen Arbeit auf einem Hof. Die Männer waren im Krieg. Die Frauen bewirtschafteten mit den Gefangenen den Hof. Den Gefangenen war es verboten, mit Deutschen an einem Tisch zu essen oder gar Beziehungen zu ihnen aufzubauen. Nicht immer wurde das Verbot eingehalten. Zum Essen saßen sie am Tisch ihres Arbeitgebers. An ihrem extra Tisch saßen sie nur, wenn ein Fremder kam.

Die Gefangenen, die in Klenkendorf und Ober-Klenkendorf auf den Höfen arbeiteten, übernachteten auf dem Saal der Gastwirtschaft Schröder (Burfeind). Sie gingen morgens zu ihrer Arbeitsstelle und kamen abends wieder zurück. Bewacht wurden sie nur nachts. Fliehen wollten sie nicht. Sie brachten z. B. allein mit Pferd und Wagen die Milch zur Molkerei Bremervörde. Nach der Befreiung des Lagers beschützten sie ihre Arbeitgeber vor Plünderungen und Übergriffen. Einige gingen nach der Kapitulation der Deutschen nicht in ihre Heimat zurück. Sie blieben hier, heirateten eine Frau, die sie während ihrer Arbeit auf den Höfen kennengelernt hatten, oder wanderten nach Amerika aus.

Andere Gefangene wurden jeden Morgen in 10er-Gruppen, bewacht von einem Wachmann aus dem Außenlagerkommando, zu ihrer Arbeitsstelle gebracht. Ein solcher Wachmann war Johann Poppe aus Ober-Klenkendorf. Bewaffnet mit einem Kleinkaliber Einzellader und zehn Schuss Munition, wurden die Gefangenen am Tor in Empfang genommen. In Zweierreihen, das Gewehr schussbereit, ging es dann zur Arbeit. Jedenfalls so weit, wie man vom Lager aus gesehen werden konnte. Dann wurden die Reihen aufgelöst.

Johann Poppe teilte mit den Gefangenen seinen Tabak, und sie trugen sein Gewehr. Abends ging es genauso zurück. Meistens haben die Gefangenen in kleinen Säcken, die sie zwischen ihre Beine gebunden hatten, Kartoffeln oder anderes Essbares ins Lager geschmuggelt. Das war für die, die nicht raus durften. Die wurden nicht ausreichend verpflegt.

Nach der Befreiung des Lagers am 29. 4. 1945 durch britische Truppen kam eine Gruppe Gefangener bewaffnet auf Poppes Hof und verlangte nach dem Wachmann. Die Diele war mit Ausquartierten aus Mintenburg belegt. Er wusste, dass einige ehemalige Wachmänner nach der Befreiung erschossen werden würden, und er sagte: „Es nützt doch nichts. Irgendwann finden sie mich. Da geh ich lieber gleich.“ Als die Gefangenen ihn sahen, sagten sie „Du guter Mensch“, und gaben ihm Zigaretten. Später bekam er von ihren Plünderungen Lebensmittel ab. So auch von den fünf backfertigen Broten, die sie aus Klenkendorf mitgebracht hatten und die er für sie gebacken hatte.

Von den schlimmen Zuständen im Lager durfte man nichts wissen. Wer davon redete, riskierte selbst ins KZ zu kommen. Deshalb verdrängten zur eigenen Sicherheit viele ihr Wissen. Man sah die Wagen, mit denen die Leichen zum Lagerfriedhof gebracht wurden. Achtlos raufgeworfen und notdürftig abgedeckt. Arme oder Beine hingen herunter. Selbst vor dem Tod hatten die Verantwortlichen keine Achtung mehr. Nach dem Krieg wollte keiner was gewusst haben. Man fühlte sich mitschuldig. Das hatte man nicht gewollt. So ging das Verdrängen weiter.

Das von Johann Poppe Erzählte wurde von anderen bestätigt.

Als Folge der Befreiung durchstreiften in den Tagen danach Kriegsgefangene die Gegend auf der Suche nach Essen und Kleidung. In Klenkendorf fand ein Gefangener eine Flasche mit einer Flüssigkeit. Er trank davon und starb. Es war Salzsäure. Seine Leiche wurde sofort eingegraben. Man hatte Angst vor Rache. Rache, die einzelne Gruppen an den ihrer Meinung nach Mitschuldigen an ihrer Lage nahmen. Menschen, die Gefangene misshandelt hatten, wurden getötet oder verletzt.

In anderen Fragen hätte man rechtzeitig mehr nachhaken müssen. So erzählte Johann Poppe, dass er den Küchentisch, die Wiege zur Geburt seines Enkels und die Klappen für die Fenster seines Hauses von einem Gefangenen bekommen habe. Der Gefangene habe sich während der Gefangenschaft öfter auf Poppes Hof mit seiner Frau getroffen und dort die Nacht verbracht. Dafür sei ein anderer ins Lager gegangen. Dieser Gefangene war kein Kriegsgefangener. Er war interniert.

Die Briten richteten in Sandbostel ein Internierungslager für SS- und NS-Führer sowie für Mitglieder von KZ-Wachmannschaften ein. Der Gefangene, der Johann Poppe als Gegenleistung mit den Möbeln versorgte, hieß Friedrich (Fidi) Lienau und kam aus Hamburg Bergedorf. Er soll Unteroffizier in der Kommandantur gewesen sein. Noch in den 60er-Jahren war Herr Lienau öfter in Ober-Klenkendorf und bei Milutin Dunitsch in Vollersode zu Gast. Dass Internierte das Wochenende mit ihren Verwandten verbringen durften, überrascht einen schon. Möglich war das. Es soll häufiger vorgekommen sein. Das wird aus anderen Orten bestätigt. Für diese „Freigänger" gingen Flüchtlinge bei entsprechender Gegenleistung über das Wochenende ins Lager. Die Gegenstände, die Johann Poppe erhalten hat, stammen aus dieser Zeit. Sein Enkel, für den die Wiege bestimmt war, ist 1949 geboren. Die Wiege und der Tisch befinden sich noch im Besitz seiner Erben.

Wie es früher einmal war …

Hausschlachten

Früher wurde, wenn die kalte Jahreszeit anbrach, auf fast jedem Hof geschlachtet. Man legte sich einen Vorrat an Fleisch und Wurst für das ganze Jahr an.

Morgens, wenn der Schlachter kam, kochte schon das Brühwasser in dem großen Kessel, dem Gropen. Schlachterbank und Krummstock standen bereit. Meistens waren auch ein paar Nachbarn anwesend. Die halfen, bis das Schwein am Krummstock hing. Dann wurde gemessen, wie dick der Speck war. Nur Schweine mit viel Speck waren gute Schweine. Dann wurde das Schwein in Einzelteile zerlegt. Fleisch und Speck für die Kochwurst, Leberwurst, Sülze, Rotwurst, Klump und Grützwurst kamen in den inzwischen gereinigten und mit neuem Wasser gefüllten Kessel. Das andere Fleisch wurde zum Abkühlen nach draußen gelegt. Die Kochwurst wurde als erstes hergestellt. Für die Kinder der Nachbarschaft wurde extra eine kleine Leber- oder Grützwurst gemacht. Das Wasser, in dem das Fleisch gekocht hatte, war Suppe, die im Dorf verteilt und auch eingekocht wurde. Als Letztes wurden die Mettwürste hergestellt und der Schinken und der Speck eingesalzen. Die Wurst, besonders die Mettwurst, Schinken und Speck, wurde durch Räuchern haltbar gemacht. Braten- und Kochfleisch wurde eingekocht. Mettwurst und Schinken durften erst angeschnitten werden, wenn der Kuckuck das erste Mal rief. Manchmal kam der Schlachter nur zum Schlachten und Zerlegen. Die Frauen machten die Wurst dann selber. So konnte man ein paar Mark sparen.

Lange Zeit hat Johann Schröder aus Klenkendorf, Jan Schlachter, bei uns geschlachtet. Während der Zwangsbewirtschaftung war er auch als „Amtsperson" für das Viehzählen zuständig. Nach diesen Zahlen, die er weiterleiten musste, musste das Vieh abgeliefert werden. Wenn man schlachten wollte, brauchte man dafür jedes Mal eine Genehmigung. Jan Schlachter fragte beim Viehzählen: „Wie veel Schwien heept jie den?" Die nicht angegeben wurden, schlachtete er dann später. Man hatte was zu essen und konnte so manch Notwendiges auf dem Schwarzmarkt eintauschen. Auch wurde damit jemand bezahlt, der einem bei der Arbeit geholfen hatte. Lebensmittel waren knapp. Jeder freute sich, Wurst oder Fleisch zu bekommen.

Nachkriegsjahre – die Währungsreform

Am 20. Juni 1948 kam die Währungsreform. Diese führte eine einschneidende Veränderung der wirtschaftlichen Lage herbei. Die wertlos gewordene Reichsmark wurde abgeschafft und durch die Deutsche Mark (DM) ersetzt. Am Sonntag, dem 20. Juni 1948, stand man Schlange nach dem „Kopfgeld" von 40 DM pro Person. Eine Woche später gab es noch einmal 20 DM.

Auch wenn viele es nicht glauben wollten, ebnete die neue Währung schnell den Weg für eine Phase wirtschaftlichen Aufschwungs, wie man ihn bisher noch nicht erlebt hatte. Dem Normalverbraucher, der sich von den knapp bemessenen Rationen auf den Lebensmittelkarten über Wasser halten musste, erschien es wie ein Wunder. Schlagartig wurden Schwarzmarkt und Tauschhandel überflüssig. Ware gab es in Hülle und Fülle. Drei Jahre später sprach man vom deutschen Wirtschaftswunder. Vater dieses Wirtschaftswunders war Professor Ludwig Erhard.

Die Landwirte sahen das Wirtschaftswunder eher mit Sorge, denn sie verloren ihre Arbeitskräfte. Diese konnten in der Industrie nämlich mehr verdienen. Mit dem Abwandern der Arbeitskräfte aus der Landwirtschaft setzte die Motorisierung in der Landwirtschaft ein. Der Einsatz neuer Maschinen und Techniken veränderte nachhaltig und entscheidend das Bild des Dorfes.

Stromanschluss

1949 kam ein Stück technischer Fortschritt nach Ober-Klenkendorf. Am 3. Oktober 1949 wurden die Hausanschlüsse für elektrischen Strom vom Überlandwerk hergestellt. Von Klenkendorf bis Ober-Klenkendorf stand erstmals eine Reihe neuer Strommasten. In Klenkendorf war dieser Anschluss schon 1923 fertiggestellt worden. Die Gemeinde zahlte damals einen Baukostenzuschuss. Die Ober-Klenkendorfer mussten ihre Masten selbst bezahlen. Die Masten wurden bei einer Bremervörder Elektrofirma gekauft. Sie lieferte aber Telefonmasten. Umtauschen oder Geld zurück ging nicht, denn die Firma war inzwischen pleite. Der Betriebsleiter des Überlandwerks nahm die Telefonmasten auf Lager und tauschte sie gegen Elektromasten. So bekam Ober-Klenkendorf doch den Stromanschluss und konnte den Lichtball bei Burmesters auf der Diele feiern.

Am 27. Oktober 1949 drehte Bauer Burmester zum ersten Mal den Lichtschalter herum und freute sich, dass bei ihm das elektrische Licht eingekehrt war. So stand es in der Zeitung.

Zusammen mit dem Lichtball feierte man auch in bescheidenem Rahmen Klenkendorfs 125-jähriges Jubiläum. Dazu fanden sich der Ingenieur des Überlandwerks, der Bürgermeister von Klenkendorf und weitere Gäste zu dem Festmahl auf Burmesters Diele ein. Für den Lichtball konnten die Ober-Klenkendorfer je Familie eine Flasche Schnaps kaufen. Zu fortgeschrittener Stunde sagte der anwesende zuständige Polizist, er wolle jetzt einmal prüfen, wer den besten Schwarzgebrannten habe, und ging von Tisch zu Tisch.

Mechanisierung

Mit dem Stromanschluss hatte auch der Göpel seine Schuldigkeit getan. Bald wurden die Dreschmaschine und andere Maschinen von einem Elektromotor angetrieben. Auch die Petroleumlampe hatte ausgedient. In anderen Bereichen wurden die Pferde ebenfalls durch Maschinenkraft ersetzt. Ackerschlepper gab es schon vor dem Krieg. Mitte der 50er-Jahre nahm der Einsatz von Traktoren langsam an Umfang zu. In Ober-Klenkendorf kam der erste Schlepper am 1. April 1956, ein 25 PS-Güldner. Er gehörte den Betrieben Steffens und Dunitsch gemeinsam. Etwas später bekam H. Burmester einen M·A·N, J. Murck einen Porsche, K. Burmester einen Mc. Cormick und P. Schröder einen Güldner.

Mit dem Einsatz der Traktoren war es möglich, größere Maschinen für die landwirtschaftliche Arbeit einzusetzen. Neuerungen kamen auch bei der Kartoffelernte. Der Schleuderroder hinter dem Trecker schleuderte mit seinen schnell laufenden Zinken die Kartoffelknollen aus der Erde. Schon bald folgte der Vorratsroder, dieser legte die Kartoffeln seitwärts ab. Es wurde auf Vorrat gerodert, und man musste nicht sofort die Knollen aufsammeln. Auch die arbeitsintensiven Methoden der Gras- und Getreideernte gehörten bald der Vergangenheit an. Mit den neuen Maschinen wurde die Arbeit schneller erledigt und man schaffte viel mehr.

Schon Anfang der 50er-Jahre setzte die Motorisierung des Privatverkehrs ein. Waren bis dahin das Fahrrad und der Ackerwagen die üblichen Verkehrsmittel, folgten die ersten Motorräder oder Mopeds. 1952 hatte wohl Johann Albers das erste Motorrad, eine 125er NSU FOX. Er musste, als Nichtlandwirt, täglich zur Arbeit fahren. Die ersten Autos waren Lloyd, Fiat 600 und Isetta. Fahrzeuge, die man heute nur noch als Oldtimer sehen kann

Das erste Telefon

Wer telefonieren wollte oder musste, konnte dies nur bei dem Bürgermeister oder dem öffentlichen Telefon in Klenkendorf tun. Um einen öffentlichen Fernsprecher zu bekommen, war Ober-Klenkendorf zu klein. So entstand die Idee, ein Gemeinschaftstelefon anzuschaffen. Die Kosten hat man auf die einzelnen Haushalte umgelegt. Wann in Ober-Klenkendorf das Gemeinschaftstelefon angeschafft wurde, ist nicht genau bekannt. Bis Dezember 1964 stand das Telefon bei Albers. Die hatten keine Landwirtschaft, Anni Albers war nicht berufstätig und deshalb meistens zu Hause. Wer telefonieren wollte, ging zu Albers. Die Gespräche wurden gleich bezahlt. Ein Gespräch kostete damals 23 Pfennig. Die Grundgebühren wurden geteilt und von Albers monatlich eingesammelt. Wollte jemand einen Ober-Klenkendorfer sprechen, sagten Albers Bescheid. Man rief dann zurück. Im Jahr 1964 kauften Albers sich ein Haus in Klenkendorf. Im Dezember zogen sie um. Danach kam ein Telefon zu Steffens, aber schon bald hatte jeder eines. Heute, im Zeitalter des Handys, ist es kaum vorstellbar, dass die Menschen mit einem Telefon in einem Ort auskamen. Damals war das eine Telefon ein riesiger Fortschritt.

Die Wasserversorgung

Ein großes Problem in allen Moordörfern war die schlechte Wasserqualität. Mehrere Generationen haben das Wasser aus dem Brunnen als Brauch- und Trinkwasser benutzt. Man wusste zwar, dass es hygienisch nicht einwandfrei war, aber man hatte keine andere Wahl. Als dann der Wasserversorgungsverband Bremervörde gegründet wurde, schloss sich die Gemeinde ihm an. Die Bürger wollten unbedingt besseres Wasser. Um Kosten einzusparen, konnten die Leitungen ohne Schwierigkeiten dicht an den Häusern über Privatgrundstücke verlegt werden. 1961 wurden das Rohrnetz und die Hausanschlüsse verlegt. Auch Ober-Klenkendorf konnte sich jetzt einer ordentlichen gesunden Wasserversorgung erfreuen.

Einkaufen

Es wird erzählt, dass anfangs die Torfschiffer notwendig benötigte Waren aus Bremervörde mitgebracht haben. Um 1910 gab es in Ober-Klenkendorf den Kaufmann Hinrich Otten. Der fuhr mit einem Handwagen, gezogen von einem Hund, über die Dörfer und verkaufte seine Ware. Wenn er Nachschub brauchte, war er zwei Tage unterwegs. Kaufmann Otten zog von Ober-Klenkendorf nach Augustendorf und betrieb dort einen kleinen Laden.

Als er weggezogen war, kaufte man bei Kaufmann Kück in Klenkendorf. Nach dem Krieg kamen Kücks rum, holten den Einkaufszettel und brachten anschließend die bestellte Ware.

Lange Jahre fuhr Heinz Hungerland aus Engeo mit seinem Verkaufswagen über Land. Bei Wind und Wetter trotzte er auch den schlechten Wegverhältnissen. Bei ihm konnte man die Ware mit Eiern bezahlen. Wenn die Eier nicht reichten, wurde auch schon mal angeschrieben. Nach dem Krieg kam ein Bäcker aus Sandbostel mit Backwaren. Zu dem konnte man Brotgetreide bringen und im Tausch das Jahr über Brot bekommen. Bei der Bäckerei war später ein Gemeinschaftskühlhaus. Mitglieder der Kühlhausgenossenschaft konnten dort Fleisch- und Wurstwaren bis zum Verbrauch einfrieren. Den Bäcker gibt es nicht mehr. Ein Bäckerwagen kommt immer noch. Nach Dieter Poppe hat diese Aufgabe jetzt Reinhold Reinke übernommen.

Nach dem Krieg fuhr auch der Frisör Paul Diekmann aus Bremervörde über die Dörfer. Für 50 Pfennig schnitt er vor Ort die Haare, meistens bei Kindern und Männern. Frauen trugen einen Dutt. Zweimal im Jahr kam die Firma Facktor mit Mützen und Hüten. Alle nach dem Motto: „Kommt der Kunde nicht zu uns, kommen wir zum Kunden".

Heute erlebt das eine kleine Renaissance. Frisöre, Fußpflege, Ärzte, Physiotherapeuten und Pflegedienste kommen bei Bedarf ins Haus. Der Bäckerwagen fährt immer noch, und einige Läden bringen Lebensmittel auf Bestellung. Das ist auch notwendig, denn jüngere Generationen ziehen aus den Dörfern weg. Das Durchschnittsalter der Bewohner wird immer höher. Bei einer zunehmenden Vergreisung werden in Zukunft noch mehr auf solche Dienstleistungen angewiesen sein.

Die 60er-Jahre

Von der Öffentlichkeit unbemerkt zeichnete sich schon in den 60er Jahren ab, dass die Zahl der landwirtschaftlichen Betriebe rapide abnehmen würde. Ein Betriebsleiter von 50 plus/minus 5 Jahren muss einen Nachfolger haben. Wenn kein Nachfolger in Sicht ist, wird in der Regel in den nächsten 10 bis 15 Jahren der Hof aufgegeben. Die Landwirtschaft hat sich im Laufe der Zeit ständig verändert. Wirklich einfach war es nie. Die Mechanisierung nahm einem die körperlich schwere Arbeit ab. Dafür musste man mehr arbeiten. Die Flächen und der Tierbestand wurden aufgestockt und die Ställe erweitert. Bald stand in jeder freien Ecke ein Tier. Die Ställe wurden neu- oder umgebaut. Dafür musste Kapitaldienst geleistet werden. Jede eingenommene Mark steckte man wieder in die Landwirtschaft. Für einen selbst blieb da nicht viel. Außerhalb der Landwirtschaft boomte die Wirtschaft. Arbeitslose gab es nicht. Man holte die Gastarbeiter ins Land. Für manchen Landwirt war es verlockend, sich Arbeit in der freien Wirtschaft zu suchen, um die Zukunft mit einem regelmäßigen Einkommen zu sichern.

Nicht mehr benötigte Gebäude oder kleine, hofnahe Flächen, die nicht mit großen Maschinen bearbeitet werden konnten, wurden verkauft. So kamen die Städter ins Dorf.

Mit dem Geld konnten Kredite abbezahlt, weichende Erben abgefunden oder das eigene Haus modernisiert werden. Heizung, Bad und sanitäre Einrichtungen sind heute nicht mehr wegzudenken. Das Häuschen mit Herz gehört der Vergangenheit an. Auch eine Folge der Grundstücksverkäufe an Neubürger.

Hochwasser

Eines der Hauptanliegen der Bewohner im Moor ist immer noch die Entwässerung der Moorflächen. Wichtig dafür ist eine ausreichende Vorflut. Die größten Probleme haben die Dörfer, die nicht direkt an einem Fluss oder Kanal liegen. So auch die Ortschaft Heinrichsdorf. Seit dem Ende der 60er-Jahre bemühten sich die Heinrichsdorfer deshalb um eine Änderung der Wasserführung. Gestützt auf Ingenieursaussagen und nach langer Planung wurde 1975/76 die Wasserführung geändert. Jetzt fließt das Wasser durch Ober-Klenkendorf zum Oste-Hamme-Kanal. Entgegen der Aussage der Ingenieure ist der Ober-Klenkendorfer Kanal jedoch nicht in der Lage, bei Starkregen die zusätzlichen Wassermassen aus Heinrichsdorf aufzunehmen und abzuleiten. Die tiefer liegenden Flächen in Ober-Klenkendorf werden oft überschwemmt. Es entstand schon erheblicher Schaden an den hier errichteten Häusern und ihren Einrichtungen. Die Wasserprobleme in Heinrichsdorf wurden zulasten der Ober-Klenkendorfer gelöst.

… oder „Mien Haut is wech“

Im Winter, wenn früher die Arbeit auf den Höfen weniger wurde, hieß es: „Wir müssen wohl mal wieder nötigen.“ Dann wurden alle Erwachsenen aus Ober-Klenkendorf eingeladen – genötigt, zum Abendbrot zu kommen. Die ältere Generation kam zum Kaffee oder einen Tag vorher.

Wenn die „Alten“ zum Kaffee eingeladen waren, durften die Kinder manchmal mit. Alle auf einmal einladen, ging nicht. Die konnte man nicht unterbringen. Einige mussten sowieso bei den Kindern bleiben. Damals gab es in jedem Haus noch Kinder. Drei Generationen in einer Wohnung waren normal. Nach dem Essen saßen Männer und Frauen in getrennten Räumen noch ein paar Stunden zusammen. Die Männer saßen meistens auf dem großen Flur und spielten Karten, die Frauen in der Stube bei ihrer Handarbeit. Man tauschte die neuesten Nachrichten, Klatsch und Tratsch aus, redete über Ackerbau und Viehzucht und was es sonst noch Neues gab. Fernsehen gab es noch nicht.

Dabei wurde auch das eine oder andere Glas Alkohol getrunken. Gemeinsam ging man nach Hause. Man ging den Stieg entlang, einen schmalen Weg, der die Häuser auf kurzem Weg verband. Es war dunkel. Zwischen den einzelnen Höfen gab es tiefe Gräben und schmale Brücken, die oft kein Geländer hatten. Auch wenn man den Weg kannte und meistens heil nach Hause kam, klappte das nicht immer. Einmal „gingen” Jürgen Murck und Paul Grunnenberg nebeneinander auf so eine schmale Brücke zu. Jürgen verfehlte sie und stürzte in den Graben. Dabei zog er Paul mit. Dieser kniete auf Jürgen und suchte seinen Hut, der ihm vom Kopf gefallen war. Jürgen flehte: „Paul, lot mi rut.“ Paul sagte immer nur: „Mien Haut, mien Haut. Mien Haut is wech.“ Jürgen: „Paul, ick hef dien Haut, lot mi rut.“ Es dauerte eine Weile, bis man die beiden wieder aus dem Graben gezogen hatte. Überlebt haben sie das Unglück alle. Jürgen, Paul und auch der Hut.

Teil 2

Die Bremer Schweiz

Geest – Entschuldigung, was ist das?

Für uns in Norddeutschland ist das eine ungewöhnliche Frage, aber es soll schließlich auch südlich des Mains noch besiedelte Regionen geben – jedoch keine Geestlandschaften. So kam es bei einem Besuch guter Freunde dazu, dass wir ganz engagiert von den Eigenarten und gemeinsamen Wurzeln der Moor- und Geestlandschaften erzählten, und der aus Baden-Württemberg stammende Gast ganz interessiert fragte: siehe oben. Seine Frau antwortete sofort und konnte aus Schulaufsätzen zitieren, dass nach der Eiszeit und mit den Moränen …, nun, sie stammt aus Bremen. Uns wurde jedenfalls klar, dass wir nicht nur gegenüber kritischen Freunden begründen müssen, warum wir den Naturpark Teufelsmoor auch auf den Geestrand bis zum Bremer Weserufer ausdehnen wollen, sondern allen, die keine norddeutschen Wurzeln haben, erst einmal erläutern müssen, was die Geest auszeichnet und wie sie entstanden ist.

In einer Studienarbeit von Lena Brauch (Universität Trier) ist die Entstehung der Geest in der Saale-Kaltzeit vor 200.000 Jahren nachgezeichnet und kann im Einzelnen studiert werden. Hier sollen nur die wesentlichen Punkte, die ein Verständnis ermöglichen, dargestellt werden.

In der Saale-Kaltzeit waren die Moore in Norddeutschland von Gletschern bedeckt, welche Material unterschiedlicher Größe ablagerten, bis hin zu den „Findlingen“, Granitbrocken von mehreren Tonnen Gewicht. Zu der sogenannten Vorgeest gehört u. a. auch die Stader Geest zwischen Elbe und Weser. In der Zeit von 110.000 bis 10.000 Jahren vor unserer Zeit fand die Weichsel-Kaltzeit statt, in der die Altmoränen, die Ablagerungen am Rande der Gletscher, noch einmal neu geformt und durch Jungmoränen ersetzt wurden. Diese Moränenlandschaft prägt die heutige, sanft wellige, durch sandigen Boden gekennzeichneten Geestlandschaften in Norddeutschland.

Wer heute von Worpswede mit seiner „Weyerberg“ genannten Sandablagerung nach Norden oder Süden fährt, erlebt diese typische Landschaft. Vom Weyerberg geht es hinunter in die weite Ebene des Teufelsmoores, zu großen Teilen ein Niederungsmoor, das aus verlandeten Seen und Flussarmen entstanden ist und vom Grundwasser gespeist wird. Bei Pennigbüttel oder Hambergen wird die Niederung plötzlich durch eine stetig ansteigende Landschaft mit Eichenwäldern und Wiesenstrukturen abgelöst, die sich weit nach Norden hinzieht, bevor sie wiederum von der Niederung des Flusses Geeste abgelöst wird, die schließlich beim ehemaligen Geestemünde, dem heutigen Bremerhaven, in die Weser mündet. Genauso ist es südlich von Worpswede: Man erkennt bei Tarmstedt sehr gut den Geestrand, der dort das Teufelsmoor begrenzt, wenn man z. B. von Neu St. Jürgen Richtung Tarmstedt fährt. Anders ist es weiter im Osten des Teufelsmoores: Zwischen Gnarrenburg und Bremervörde ist kein Niederungsmoor, sondern es ist Hochmoor anzutreffen, welches nicht grundwassergespeist, sondern durch Niederschlagswasser geprägt ist. So umschließen die Geestrücken wie ein dicker Schal die Niederung östlich von Bremen bis hin zur Wasserscheide bei Bremervörde zwischen Hamme und Oste.

Während einerseits das Marschenland in den Urstromtälern von Weser und Elbe außerordentlich fruchtbare Böden aufwies – bis hinein in Wümme und Hamme an der Weser und in die Oste und weitere Nebenflüsse auf der Seite der Elbe –, wurden mit der Tide immer wieder Sedimente in die Flüsse gespült, die sich über Jahrhunderte ablagerten und die Bodenqualität ausmachten. Andererseits waren die weiten Hochmoorflächen zwischen den Flussniederungen außerordentlich unfruchtbar und unzugänglich – über Jahrhunderte war das Elbe-Weser-Dreieck ein Armenhaus Norddeutschlands. Deshalb wurden die Bauern an der Wümme bis hin zur Ortschaft Teufelsmoor auch über Jahrhunderte beneidet, insbesondere von ihren Berufskollegen auf der Geest: Dort waren die sandigen Böden im Gegensatz zur Niederung außerordentlich unfruchtbar. Wer jemanden von der Geest heiratete, machte eine schlechte Partie.

Die Kehrseite des Wassers: Überschwemmungen

Jahrhundertelang musste die Hammeniederung im Teufelsmoor bei Sturmfluten im Frühjahr mit regelmäßigen Überschwemmungen rechnen und damit leben. Erst die Teufelsmoorschleuse in Ritterhude gewährte Schutz gegen Sturmfluten. Wenn dann allerdings die Schleuse wegen Sturmflut geschlossen bleiben musste, drohte das Hochwasser durch anhaltende Niederschläge aus den Oberläufen von Hamme und Wümme zu kommen.

Die Sturmflut vom Februar 1962 hat zu einem Umdenken entlang der Flüsse geführt: Sperrwerke wurden errichtet. In Erinnerung geblieben sind die vielen Toten in Hamburg, wo der Deich am Reiherstieg brach und das tiefer gelegene Wilhelmsburg geflutet wurde. Vor einer ähnlichen Katastrophe stand aber auch Bremen: Zum einen stieg die Sturmflut westlich der Stadt in der Weser auf bedrohliche Höhen, zum anderen war Bremen von der Wümme auch auf der östlichen Seite bedroht. Erst das Lesum-Sperrwerk beendete dieses Szenario vorerst, das aus der Sanddüne an der Weser, auf der das Zentrum der Stadt Bremen entstand, eine Insel hätte machen können.

Das Wasser durchzieht die Geschichte des Teufelsmoores bis heute. Während in den vergangenen Jahrhunderten alles getan wurde, um das Land zu entwässern und zu kultivieren, bedrohen heute austrocknende Niederungen und Moore mit freigesetzten CO_2-Emissionen die Umwelt in einer ganz anderen Dimension. Als Antwort eignen sich keine Schnellschüsse wie „Wiedervernässung". Wie soll dies funktionieren im Hochmoor, das von Niederschlägen abhängig ist? Was geschieht mit der über Jahrhunderte geschaffenen Kulturlandschaft der Niederungsmoore und den dort lebenden Landwirten?

Antworten bedürfen einer sorgfältigen Untersuchung. Sie sollten nicht pauschal gegeben werden, sondern regional und im lokalen Umfeld, unter Beteiligung der Betroffenen erarbeitet werden. Darin versteht der Naturpark Teufelsmoor seine Aufgabe und seine Berechtigung.

Winterlandschaft in der Bremer Schweiz

Parkanlagen in Bremen-Nord

Nördlich der Lesum, jenes Flusses, der sich aus Hamme und Wümme speist, beginnt der Geestrücken, der sich vom Bremer Ortsteil Marßel über Lesum und St. Magnus bis zur Mündung der Lesum in die Weser bei Vegesack zieht. Entlang der Weser ist der Höhenunterschied zwischen Flusslauf und dem Geestrücken nicht so ausgeprägt wie beispielsweise in St. Magnus „Am Hohen Ufer" oder wie in Vegesack am Stadtpark. Östlich der Bebauung in den Ortsteilen von Aumund bis Blumenthal geht es schnell in die sanft geformte Wiesen- und Waldlandschaft der Bremer Schweiz über. Diese reizvolle und hügelige Landschaft gehört nicht nur in Bremen-Nord zum beliebten Naherholungsgebiet, das von den Bachläufen der Schönebecker und der Blumenthaler Aue durchzogen wird, in dieser Landschaft liegt auch das Schönebecker Schloss samt Heimatmuseum sowie das Gut Hohehorst, welches bereits auf Schwaneweder Gebiet in der Ortschaft Löhnhorst liegt.

An die Bremer Schweiz schließen sich östlich der A 27 die Wald- und Heidegebiete in Brundorf und Garlstedt an, um dann in die Geestlandschaften der Ortsteile von Osterholz-Scharmbeck und Hambergen bis hinauf in einen Ausläufer bei Gnarrenburg überzugehen.

Bereits bei den ersten Besprechungen zur Gebietskulisse des Naturparks Teufelsmoor wurde die Frage, ob sich der Naturpark ausschließlich auf die Moorregion konzentrieren oder auch die Geest miteinbeziehen sollte, kontrovers diskutiert. Mehrheitlich neigte man jedoch immer der „großen" Lösung zu. Ähnlich verhielt es sich bei der Berücksichtigung der nördlichen Ortsteile von Osterholz-Scharmbeck und der östlichen von Schwanewede, die bereits Teil der Bremer Schweiz sind.

Der Blick auf den Kartenausschnitt (s. Abb. nächste Seite) macht deutlich, dass die Bremer Schweiz nicht nur zu einer Arrondierung der Gebietskulisse führt, die sich aus der Berücksichtigung der Flächen entlang der Lesum und der Weser, dem Werderland, ergibt. Es ist ferner zu bedenken, dass die Prinzipien der Naturpark-Idee sowohl die Schwerpunkte „Naturschutz“ und „regionale Entwicklung/Landwirtschaft“ als auch „Naherholung und Tourismus“ beinhaltet.

Die Geestlandschaft der Bremer Schweiz bis Hambergen wird keine bedeutende touristische Funktion haben, ist aber sehr wohl ein wesentlicher Faktor für die Naherholung des Bremer Nordens und für die nördlichen Gemeinden des Landkreises Osterholz. Auch gilt es, verloren gegangene Brutstätten

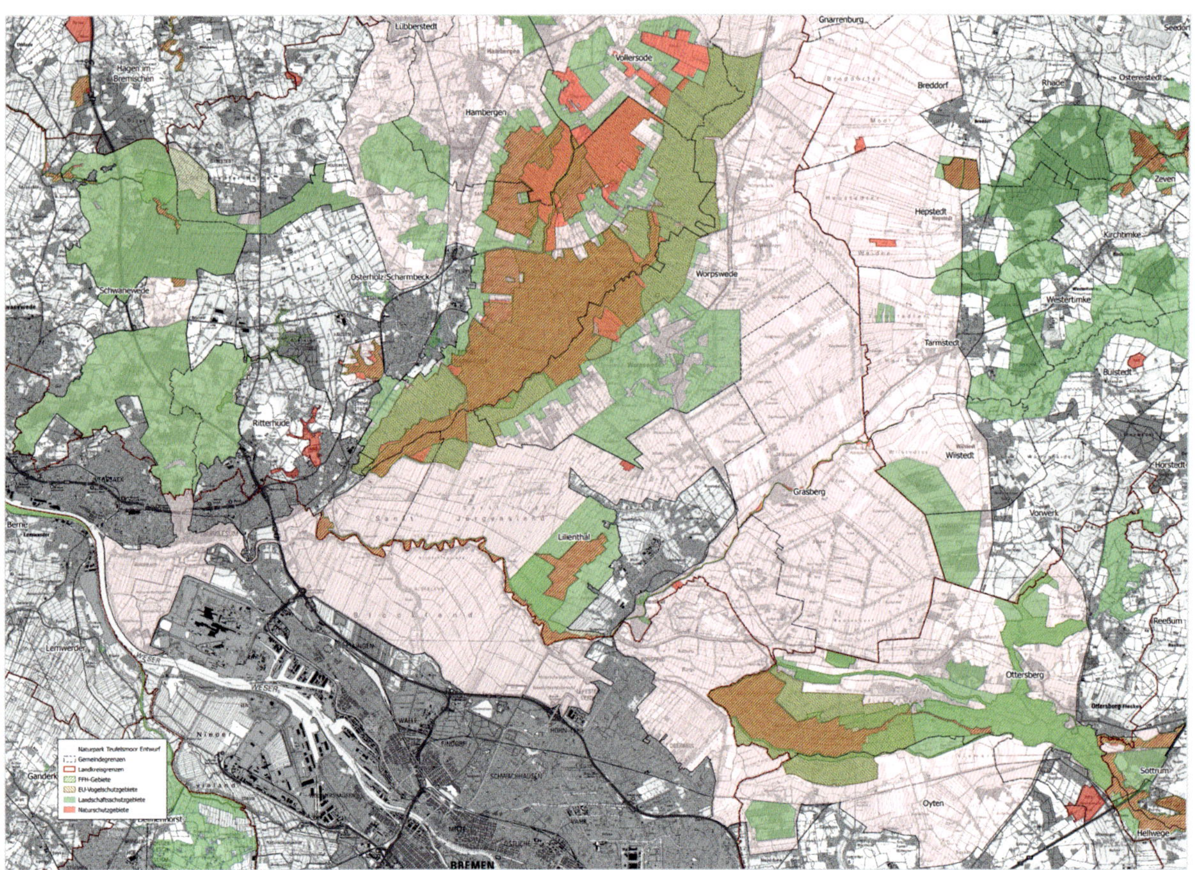

Naturpark (Südwest) mit Bremer Schweiz nördlich der Lesum und beiderseits der A 27 | Umweltministerium Hannover

Wiesen- und Waldformation in Stendorf

bestimmter Wiesenvögel wie des Kiebitzes oder der Bekassine wiederzubeleben, die wegen der Trockenlegung der Grünflächen entlang der Schönebecker Aue verschwunden sind. Vor allem deshalb wird für eine Aufnahme dieser Region in den Naturpark plädiert, auch in der Überzeugung, damit für die interessierten Bürger der Stadt Bremen und ihres Umlandes zu sprechen.

Von besonderem Reiz sind die ausgedehnten Parkanlagen in Bremen-Nord. Neben dem Stadtpark an der Weser in Vegesack sind dies Knoops Park in St. Magnus und Wätjens Park in Blumenthal. Beide zeichnen sich dadurch aus, dass sie im 19. Jahrhundert von Bremer Kaufleuten gegründet wurden, die in der Sommerfrische des Bremer Nordens Erholung suchten.

Die Herrenhäuser, die nahezu zeitgleich mit den Moorkaten im Teufelsmoor entstanden, sind in ihrer ehemaligen Pracht verschwunden oder nicht wiederzuerkennen. Während in Knoops Park die Betonung heute völlig zurecht auf „Park“ liegt und von den ehemaligen villenähnlichen Bauten im Kern nichts erhalten ist, weist Wätjens Park immerhin noch die wesentliche Bausubstanz des ehemaligen Herrenhauses auf, auch wenn das prägende Türmchen fehlt und der Bau an Privatparteien vermietet ist. Auch fehlt die Sichtachse zur Weser, aber immerhin …

Sommerfrische für Bremens Kaufleute

Während am Ufer der Lesum Torf aus dem Teufelsmoor angelandet wurde, entstanden weiter oben „Am hohen Ufer" die Landhäuser erfolgreicher Bremer Kaufleute. Im 16. und 17. Jahrhundert wurde zunehmend die Attraktivität der ländlichen Besitzungen erkannt. Aus den ersten bescheidenen Sommerhäuschen entstand der Sommersitz, aus dem Erholungsort des Sommers wurde schließlich der Landsitz, der der Familie Lebensraum bot, während der Hausherr in Bremen seinen Geschäften nachging.

Die beliebtesten Orte waren Oberneuland und Rockwinkel, Lehe und Vahr, zum Ende des 18. Jahrhunderts schließlich auch der Geestrücken im Norden der Stadt. Hier entstand in der hügeligen Landschaft nördlich der Lesum die Kulturlandschaft der Bremer Schweiz. Durch den deutlichen Kontrast dieser Geestrandgebiete zu den Marschflächen, die sich am westlichen Ufer der Weser und dem südlichen Ufer der Lesum ausbreiten, ergaben sich Höhenunterschiede bis zu 18 Metern. Aus dem niedersächsischen Umland durchzogen zwei Bachläufe die Landschaft bis zur Weser, die Schönebecker und die Blumenthaler Aue. Ein prachtvoller Baumbestand mit alten Buchen und Eichen zeichnete die Bremer Schweiz damals wie heute aus.

Während an der Schönebecker Aue mit dem Schloss Schönebeck schon seit dem 17. Jahrhundert ein Herrensitz besonderen Charakters stand, ermöglichte die wirtschaftliche Blüte Bremens die Entstehung zweier Parkanlagen, die einerseits mit dem Namen Knoop an der Lesum und mit dem Namen Wätjen an der Weser verbunden sind.

Reederei D. H. Wätjen & Co

Der Park ist untrennbar mit dem Namen der Kaufmanns- und Reederfamilie Wätjen und mit deren Aufstieg und Niedergang verbunden. Am Übergang in das 19. Jahrhundert suchten viele junge Menschen, die auf dem Land zu wenig Perspektiven für sich sahen, ihr Glück in der Stadt. Bremen erlebte wegen der Besetzung der Niederlande durch französische Truppen eine Blütezeit seiner Handelsbeziehungen. Die Brüder Wätjen konnten sogar während der napoleonischen Kontinentalsperre ihre Geschäfte über Helgoland ausweiten, wenn auch mehr als Schmuggler denn als Kaufleute.

Es war Dietrich Heinrich Wätjen (1785 – 1858), der die Geschäfte des Unternehmens weltweit ausdehnte und Waren insbesondere nach Nord- und Südamerika beförderte. Gehandelt wurde mit Kolonialwaren, Tabak, Zucker, Kaffee und Wein aus Bordeaux. Hinzu kam die Beförderung von Auswanderern nach Amerika und der Walfang in der Südsee. Christian Heinrich Wätjen (1813 – 1887) führte die Arbeit seines Vaters fort und baute seine Segelschiffsflotte zu einer der größten weltweit aus. Meistens fuhren gut vierzig Schiffe unter der blauen Flagge mit dem weißen W. Doch es gab immer wieder Rückschläge, besonders wenn Schiffe draußen mit ihren Besatzungen verloren gingen. Allein in den Jahren 1877 bis 1886 blieben acht Segelschiffe auf See verschollen.

Nach dem Tod von Christian Heinrich Wätjen machten die Dampfschiffe den Segelschiffen mehr und mehr Konkurrenz, mit der Zeit wurden der Salpeter- und Guanohandel mit Chile das noch lukrative Feld für die Segelschifffahrt. Die Flotte der Reederei Wätjen konzentrierte sich auf Segelschiffe, verkaufte aber 1913 die in der Salpeterfahrt eingesetzten Schiffe und verfügte damit nur noch über drei hölzerne Segler für den Tabaktransport. Zwei der Schiffe lagen bei Ausbruch des 1. Weltkrieges in den USA und wurden interniert. Das letzte Schiff, das Vollschiff „Kaiser", konnte den Heimathafen Bremen noch erreichen, aber das Ende der Reederei D. H. Wätjen & Co war damit besiegelt.

Wätjens Park

Diedrich Heinrich Wätjen erwarb 1830 vier Grundstücke auf dem hohen Ufer der Weser, gelegen an der Landstraße von Vegesack nach Blumenthal. Das Gelände mit den alten Bäumen wurde Standort eines ersten spätklassizistischen Landhauses, das als Sommerhaus dienen sollte. Es war nicht allein der Wunsch nach Sommerfrische, Wätjen verband damit auch die Idee zur Schaffung eines repräsentativen Parks und beauftragte Isaak Hermann Albert Altmann, der auch die Bremer Wallanlagen geplant und realisiert hatte.

Ab 1851 lebte D. H. Wätjen fast ausschließlich auf seinem Landsitz. Gemeinsam mit seinem Sohn arbeitete er systematisch an der Gestaltung der Parkanlage, ganz in der zum damaligen Zeitpunkt schon hundertjährigen Tradition feudaler Grundherren in Deutschland. Bis 1864 war die Parkanlage weitgehend fertiggestellt, gekrönt durch das Landhaus, das sich die Familie Wätjen 1858 im englischen neugotischen Tudorstil errichten ließ. Die Grundfläche des Parks wurde vergrößert, ein weiteres Wohnhaus im „Schweizer Stil" erbaut und die Anlage durch Erdarbeiten und Anpflanzungen arrondiert. Die Parkanlage blieb jedoch von der industriellen Entwicklung Bremens nicht unbeeinflusst, im Gegenteil: Im Süden war die Werft Bremer Vulkan entstanden, im Norden die Bremer Wollkämmerei, und beide nahmen Wätjens Park „in die Zange", vor allem als die Reederei Wätjen 1916 in Konkurs ging und von beiden Nachbarn je zur Hälfte übernommen wurde.

Fast 90 Jahre wurde Wätjens Park den Interessen der beiden Eigentümer untergeordnet. Einerseits beanspruchte die Bremer Vulkan immer mehr Flächen bis hin zum Bau eines Verwaltungsgebäudes, auf der anderen Seite war der nördliche Teil („Wätjens Garten") ein Erholungsbereich für Mitarbeiter der Wollkämmerei, die zum Beispiel das Wohnhaus im „Schweizer Stil" als Villa für die Direktoren nutzte, es dann aber 1987, als es den Ansprüchen nicht mehr genügte, abreißen ließ. Für die Öffentlichkeit blieb Wätjens Park geschlossen, eine unbekannte Parkfläche zwischen Fähr-Lobbendorf und Blumenthal, geheimnisvoll und „links liegen gelassen".

Das änderte sich erst im Jahr 2005 durch die Gründung des Fördervereins Wätjens Park. Das Land Bremen war Eigentümer der Parkfläche geworden, nachdem die Bremer Vulkan in Konkurs gegangen war und die Wollkämmerei ihren Betrieb eingestellt hatte. Der Park war 90 Jahre lang zum Teil wirtschaftlich genutzt, zum Teil durch eine Erschließungsstraße zu den Flächen des ehemaligen Vulkangeländes zur Weser hin überbaut worden. Ein Großteil ist jedoch schlicht vernachlässigt worden: Wege waren verschwunden, Freiflächen zugewachsen, andere Flächen zum Gemüseanbau genutzt worden.

In den vergangenen 15 Jahren hat der Förderverein dem Park seinen ursprünglichen Charakter zurückgegeben, Stück für Stück, soweit es möglich war. Vielleicht kann ein Naturpark helfen, weitere Schritte zur Wiederherstellung und Pflege des Parks zu leisten.

Am Standort des ehemaligen „Schweizerhauses"

Knoops Park: herrschaftlich-historisch

Von Christof Steuer, Vorsitzender des Fördervereins Knoops Park e. V.

Knoops Park liegt im Stadtteil Burglesum, zwischen der Bahnstrecke Bremen-Vegesack im Norden samt Bahnhof Bremen St. Magnus, und der Lesum im Süden sowie der Straßen „An Knoops Park“ im Osten und „Am Kapellenberg“ im Westen. Mit seinen circa 60 ha ist der Park die zweitgrößte Anlage dieser Art in Bremen.

Seinen Ursprung hat der Park in dem Bestreben des Barons Knoop, der sich 1870 einen schlossähnlichen Landsitz erbauen ließ, nachdem er in Russland als Kaufmann und Industrieller zu Wohlstand gekommen war. Ende des 19. Jahrhunderts siedelten sich seine Schwiegersöhne George Albrecht, Georg Wolde und Wilhelm Kulenkampff in unmittelbarer Nähe an. So entstanden auch die weiteren Gärten, die heute, zusammen mit dem Lesmona-Park der Familie Melchers, unter dem Namen Knoops Park zusammengefasst sind.

Der Park ist von der Lesum und der Geest geprägt, einer Hügellandschaft, die sich über die Bremer Marsch erhebt und auch Bremer Schweiz genannt wird. Die Familien der Bremer Kaufleute suchten hier Ruhe, Erholung und frische Luft. Der Garten des Barons Knoop wurde durch keinen geringeren als Wilhelm Benque (Bürgerpark) gestaltet, dessen Handschrift im ganzen Park noch zu erkennen ist: geschwungene Wege, Ausblicke, Teiche, Grotten und Baumgruppen. 2010 wurde Knoops Park zum Gartendenkmal erhoben.

Idyll am Lesum-Ufer

Knoops Park heute

In der Zeit bis zum und während des 2. Weltkrieges wurde der Park vernachlässigt, Wege waren verfallen, Anlagen zerstört. Es galt, den Park zu retten, zu erhalten und zu fördern. Erst seit dieser Zeit hat man sich um das geschichtliche Erbe des Parks und seiner bedeutenden Bewohner gekümmert. Von Adele Wolde, geb. Baronesse von Knoop, wurde ein Buch über das Leben ihres Vaters herausgegeben, erste Parkkonzepte wurden entwickelt und dem Baron wurde ein Denkmal gesetzt.

Heute lädt Knoops Park in allen Jahreszeiten zu Spaziergängen und sportlichen Aktivitäten ein. Mit der Bahn ist der Park vom Bahnhof St. Magnus aus, mit dem Bus der Linie 94 von den Haltestellen „Am Kapellenberg" bzw. „An Knoops Park" aus erreichbar. Mit dem PKW nimmt man den Parkplatz beim Haus Kränholm (Restaurant/Café).

Südlich der Straße „Auf dem Hohen Ufer" befanden sich die Gärten der Familien Knoop (Mühlenthal), Albrecht (Albrechtsburg mit Torhäusern und Wasserturm), Wolde (Haus Schotteck) und Melchers (Haus Lesmona). Nördlich erstreckt sich „Knoops Wald", ein zusammenhängendes Landschaftsgebiet bis zur Eisenbahnlinie.

Am Rande des Parks befindet sich der Brommyweg, der Radweg von Vegesack bis zur Burger Brücke, immer entlang der Lesum. Damit ist der Park direkt an mehrere Fern- und Rundradwege angeschlossen. An den Hauptzugängen von Norden und Süden befinden sich Infotafeln mit den Wegen und Sehenswürdigkeiten im Park (südlicher Teil). Der Förderverein macht Führungen nach Absprache für Gruppen.

Plan Knoops Park | Förderverein Knoops Park e. V.

Schloss Schönebeck

1357 wurde die Burganlage des heutigen Schlosses Schönebeck erstmals urkundlich erwähnt. In seiner aktuellen Form wurde das Bauwerk 1640 im Stil des Barock errichtet.

Gegen 1950 übernahm die Freie Hansestadt Bremen die Anlage um den Teich des Schlosses und richtete 1972 ein Heimatmuseum für Vegesack und Umgebung ein. Historischer Walfang, die Anfänge der industriellen Entwicklung im Bremer Norden mit der Segel- und Dampfschifffahrt von Vegesack aus in die Welt, Blütezeit und Niedergang der Bremer Vulkan, Vegesacker Heringsfischerei, Keramikproduktion und Tauwerkfabriken kennzeichnen die Entwicklung des Bremer Nordens. Aber auch die Deutsche Gesellschaft zur Rettung Schiffbrüchiger nahm hier ihren Anfang. Der Afrika-Reisende Gerhard Rohlfs und der Südsee-Kapitän Eduard Dallmann sind zwei bekannte Namen des Stadtteils.

Herrenhaus Hohehorst

Der Industrielle G. Carl Lahusen errichtete in den Jahren 1928/29 auf dem Gut Hohehorst in Löhnhorst, zu dem damals auch die Güter Karlshorst und Heidhof (dieses Gut allein mit 540 ha) gehörten, seinen Landsitz. Es war eine kritische Zeit zu Beginn der Weltwirtschaftskrise. Entsprechend kurz wurde das Herrenhaus auch als Villa der Familie genutzt, denn der von der Unternehmerfamilie betriebene Nordwolle-Konzern ging bereits 1931 in Konkurs.

Heimatmuseum Schloss Schönebeck

Es begann eine wechselvolle Geschichte des Hauses und der Güter. Karlshorst und Heidhof wurden an unterschiedliche Eigentümer veräußert, das Gut Heidhof an den preußischen Fiskus. Heute befinden sich dort die Försterei Heidhof und Teile des Truppenübungsplatzes Garlstedt.

Hohehorst, ein Zugang ist leider nicht möglich

Das Herrenhaus Hohehorst, das über 107 Zimmer und 12 Badezimmer verfügte und in die Parkanlage eingebettet war, zu deren Unterhaltung allein 80 bis 90 Parkarbeiter beschäftigt wurden, wurde 1937 schließlich Eigentum der SS-eigenen Organisation Lebensborn. Nach einem Umbau wurde die Villa zum „Heim Friesland" und war Mütter- und Entbindungsstation für circa 34 Mütter, bevorzugt für nationalsozialistische Prominenz.

Britische Truppen besetzten das Heim Anfang Mai 1945; von der US-Armee wurde schließlich ein Kasino errichtet. 1948 übernahm das Rote Kreuz die Anlage und richtete eine Tbc-Heilstätte ein. Dann stand das Gebäude leer, bis 1958 die Stadt Bremen Eigentümerin wurde und eine Außenabteilung des Zentralkrankenhauses Bremen-Nord betrieb, bevor 1981 die Drogenhilfe Bremen e.V. als Erbbauberechtigte bis 2014 in die Nutzung eintrat.

Im August 2016 ging die gesamte Anlage von der Stadt Bremen auf die STEFESpro GmbH in Bremen über, und sie ist heute für die Öffentlichkeit nicht zugänglich.

Teil 3

Ausblick

Chancen, Probleme und Aufgaben des Naturparks

Ist der Konflikt zwischen Naturschutz und Landwirtschaft unlösbar?

Die Auseinandersetzungen um die Sammelverordnung zu den Hamme-Wiesen und dem Teufelsmoor sind symptomatisch für einen offenbar unüberwindbaren Konflikt zwischen dem Naturschutz und den Naturschutzverbänden wie dem BUND und dem NABU, aber auch der Biologischen Station Osterholz (BIOS) auf der einen Seite, und der Landwirtschaft, vertreten durch die Organisation im Landvolk, auf der anderen Seite.

Dazwischen stand und steht die Kreisverwaltung. Was sie dem Kreistag auch zur Beschlussfassung vorlegt, sie macht es garantiert weder dem einen noch dem anderen recht. Den Naturschützern gehen die Schutzmaßnahmen nicht weit genug, die Landwirte beklagen die Eingriffe in ihr Eigentum und Einschränkungen ihrer wirtschaftlichen Betätigung. Kommt die Verwaltung der Landwirtschaftsseite in Maßen entgegen, beklagen die Naturschützer das „Einknicken“ vor den Lobbygruppen der Landwirtschaft.

Wobei die Landwirte nicht alleinstehen. An ihrer Seite sind meist auch die Jägerschaft und die Anglerverbände, manchmal auch die Wassersportverbände u. a. zu finden. Die Jägerschaft und das Fischereiwesen gehen durchaus einem gesetzlichen Auftrag nach und handeln keinesfalls nach Eigeninteressen. Was die Landwirtschaft eben von anderen unterscheidet, ist die Tatsache, dass es den Landwirten auch um ihre Existenz geht. Nicht nur die eigene, sondern auch um die der nachfolgenden Generation, die den Hof übernehmen und eine jahrhundertealte Tradition weiterverfolgen soll.

Es lässt sich nicht leugnen, dass in den vergangenen Jahrzehnten viele bäuerliche Familienbetriebe aufgegeben haben. Gerade die Ortschaft Teufelsmoor ist ein Beispiel für die Strukturänderungen in der Landwirtschaft. Aber auch, wenn der Hof „nur“ noch im Nebenerwerb betrieben wird, so ist die Verbundenheit der Hofeigentümer mit ihrem Standort und ihren Flächen damit nicht geringer.

Mit dieser Argumentation soll um Verständnis für das Verhalten und die manchmal sehr verärgerte Reaktion der Landwirte geworben werden, auch wenn deren Standpunkt inhaltlich nicht übernommen werden kann. Das gilt auch für dieses Buch und die Wiedergabe der Gespräche mit den Landwirten: Es ist eine Wiedergabe, keine Identifizierung mit den Standpunkten. Die Landwirte haben es aus unserer Sicht verdient, mit ihren Argumenten gehört und ernst genommen, statt gleich als Lobbyisten abqualifiziert zu werden. Natürlich sind sie Interessenvertreter in eigener Sache, das ist nichts weiter als legitim. Handeln Naturschützer anders? Sie sind Interessenvertreter in Sachen Natur. Beides gilt es, gleichermaßen ernst zu nehmen und gegeneinander abzuwägen.

Strukturveränderungen sowie die Folgen des Klimawandels treffen die Landwirtschaft zentral. Umso wichtiger ist es, die Argumente der Landwirte nicht abzutun oder gar herabzuwürdigen, sondern mit ihnen gemeinsam Lösungen zu finden.

Hierin liegt eine wesentliche Aufgabe des Naturparks, insbesondere in den Mooren und den Niederungen von Hamme, Wümme und Lesum bis hin zu der Schönebecker und Blumenthaler Aue. Diese Niederungslandschaft ist eine vom Menschen über Jahrhunderte geprägte Kulturlandschaft. Verschwindet die Landwirtschaft, werden die Flächen nicht mehr regelmäßig bewirtschaftet. Dann verschwindet auch das, was wir wertschätzen und für das wir versuchen, einen Naturpark zu gründen.

Wir brauchen die Landwirte, um die Niederungsflächen weiter zu pflegen und zu entwickeln. Dabei muss die intensive Bewirtschaftungsform nicht immer im Vordergrund stehen. In Naturschutz- und Landschaftsschutzflächen können und sollen die Interessen der Natur und gerade auch der Vogelwelt höher eingestuft werden. Aber dann braucht es ebenfalls Pflegemaßnahmen und eine Bewirtschaftung, um eine Verbuschung zu verhindern.

Und in anderen Regionen des Naturparks kann auch die Intensivlandwirtschaft berechtigt und notwendig sein, um den betriebswirtschaftlichen Interessen der Höfe gerecht zu werden. Dass Intensivbewirtschaftung nicht mit uneingeschränktem Düngereinsatz gleichzusetzen ist, versteht sich von selbst.

Aus der heutigen Sicht mag es noch ein langer Weg bis zu einer Kooperation zwischen Naturpark, Landwirtschaft und Naturschützern sein, aber er ist machbar.

Naturschutz-Großprojekt Hammeniederung (GR-Projekt)

Ein großartiger Schritt auf dem Weg zum Naturpark Teufelsmoor

Der Schwerpunkt dieses Buches ist den Landwirten im Teufelsmoor gewidmet, werden sie doch oft in der Öffentlichkeit als Randgruppe betrachtet – als Lobbyisten. Letzteres ist wohl zutreffend, aber es muss bedacht werden, dass sie Lobbyisten in eigener Sache sind, und diese Sache ist die Sicherung ihrer Existenz.

Dabei darf aber nicht ins Abseits geraten, dass die weiteren Akteure in den Jahrzehnten der Diskussion um die Zukunft des Teufelsmoores und damit die der Landwirte eine überaus wertvolle Rolle gespielt haben, um das „Gleichgewicht der Kräfte“ einzunehmen und die Grundlage zu schaffen, um heute tatsächlich einen Naturpark Teufelsmoor erreichen zu können: Dazu gehören nicht nur Naturschutzverbände und Einrichtungen wie die Biologische Station Osterholz, sondern nicht zuletzt auch die Verwaltungen der Kommunen und die Unteren Naturschutzbehörden, insbesondere die des Landkreises Osterholz.

Zwar steht der Naturpark Teufelsmoor nicht im Mittelpunkt dieses Buches, die beabsichtigte Gründung eines Naturparks durchzieht dieses Buch aber von Beginn an. Deshalb soll in dem vorliegenden Kapitel dokumentiert werden, was in den Jahrzehnten zwischen „Regenfleuter“ und Gründung des Fördervereins Naturpark Teufelsmoor e. V. von anderen geleistet wurde. Denn darauf aufbauend, konnte erst ein Genehmigungsantrag für einen Naturpark vorbereitet werden.

Zu nennen ist die Biologische Station Osterholz, in der auch ehemalige Regenfleuter mitarbeiten. Durch Gutachten, Führungen in sensible Naturbereiche, Aktionen für Jugendliche und vieles mehr machte sich die Gruppe gerade bei Landwirten nicht immer beliebt, schärfte aber das Bewusstsein der Öffentlichkeit um die Bedeutung der Hammeniederung. Fachkundig begleitet die Biologische Station auch den Landkreis Osterholz und dort den Umweltausschuss des Kreistages: Klar in der Sache und selten einvernehmlich mit der gängigen Meinung. Aber wer deutliche Positionen bezieht, macht sich selten beliebt.

Beliebt machen konnte sich auch der Landkreis (nicht immer), seit es Anfang 1990 gelang, im Bundesamt für Naturschutz in Bonn allmählich die Zustimmung zum sogenannten GR-Gebiet zu gewinnen. Nach der Genehmigung durch das Bundesumweltministerium flossen letztendlich nahezu 16 Millionen DM in den Landkreis, ein großer Erfolg für die Region und für die Hammeniederung.

GR steht für ein Naturschutz-Großprojekt von nationaler Bedeutung: gesamtstaatlich repräsentativ (GR). Mit dieser Begründung durfte der Bund als Geldgeber auftreten, das Land, das eigentlich die Befugnisse hat, war Ko-Finanzierer.

Konkret steuerte der Bund in dem Projektzeitraum von 1995 bis 2009/2010 ca. 72,5 %, das Land ca. 16,5 % und der Landkreis ca. 11 % der Gesamtmittel von 15,9 Millionen Euro bei.

Mit den Finanzmitteln sollten insbesondere Flächen in der Hammeniederung erworben werden, um diese unter Naturschutz zu stellen und tendenziell wiederzuvernässen. Dafür sollten entsprechende bauliche Maßnahmen wie Stauvorrichtungen finanziert werden.

Was so einfach in einem Satz formuliert ist, ist in der Praxis eine Herkulesaufgabe. Fast 1.300 ha mussten mit den betroffenen Landwirten verhandelt und von ihnen erworben werden; es mussten Flurbereinigungsmaßnahmen eingeleitet und Milchquoten verhandelt werden, und das begleitet von den kritischen Überprüfungen durch das Bundesamt für Naturschutz.

Begünstigt wurde das Vorgehen, weil das Land in den 1970-er-Jahren im Zuge der damaligen Planung eines „Teufelsmoor-Sees" in den niedrigsten Bereichen der Hammeniederung bereits große Flächen von den Landwirten erworben hatte, die jetzt dem GR-Projekt zugeschlagen werden konnten.

Breites Wasser

Hinsichtlich der Umsetzung des Projektes sind einige Maßnahmen herauszuheben:

- Große Flächen südlich der Teufelsmoorstraße bis hin zur Hamme wurden als „Retentionsflächen" ausgewiesen, die bei entsprechender Hochwassersituation der Hamme unter Wasser gesetzt werden können und durch Staueinrichtungen für einige Wochen vernässt bleiben.
  Es handelt sich konkret um 475 ha „Westlich Beek", 165 ha „Westlich Fangstaken" und den Retentionsraum III „Sootgrüppen" an der Hamme.
  Eingeschränkt bleibt die Wirkung der Maßnahmen durch eine noch ausstehende Einflussmöglichkeit auf die Steuerungsfunktionen der Ritterhuder Schleuse, die erst in den nächsten Jahren rechtlich umsetzbar werden wird.
- Die Altarme der Hamme zwischen Tietjens Hütte und Schleuse wurden ausgebaggert und renaturiert, die wiederentstehenden Schilfgürtel sind besonders wertvoll für gefährdete Limicolen (Sumpf- und Watvögel).
- Das „Breite Wasser" zwischen Beeke und Hamme wurde teilweise entschlammt und renaturiert, weitere wünschenswerte Maßnahmen zur Wiederherstellung der Verbindung von Beeke und Hamme sind aufgrund hoher Kosten der Zukunft vorbehalten.
- Das „Schmale Wasser" östlich der Hamme, auf gleicher Höhe wie das „Breite Wasser", wurde wiederhergestellt.
- Es wurden Aussichtstürme errichtet und neue Wege angelegt, um die Erlebnisfähigkeit für Besucher zu steigern. Andererseits wurden Wege in Ruhezonen gesperrt.
- Nach Abschluss der Abtorfung wurde das Günnemoor als Hochmoor renaturiert.

Die Umsetzung des GR-Projekts nahm fast 20 Jahre intensiver Arbeit durch Landkreis, der Unteren Naturschutzbehörde und der verantwortlich handelnden Personen in Anspruch, bis Landrat Dr. Mielke im Jahre 2012 den vorläufigen Abschluss der Arbeiten verkünden und im Kreistag feiern konnte.

Damit war die Zeit der besonderen Belastungen für die Untere Naturschutzbehörde aber nicht vorbei: Die EU-Kommission verlangte von Deutschland, dass die gemeldeten Vogelschutzgebiete, Habitat und NATURA-2000-Gebiete gesichert werden sollten, also für die Flächen Landschafts- bzw. Naturschutz auszuweisen war.

Spätestens mit dieser Vorgabe war der nächste Ärger zwischen Kreisverwaltung und Landwirten vorgegeben. Hatten doch Landtagsabgeordnete in der Vergangenheit auf Fragen der misstrauischen Landwirte, was aus der Ausweisung von Vogelschutzgebieten werden würde, mit „nichts" geantwortet. Diese Ausweisung sei lediglich ein formaler Schritt, hieß es, der keinerlei rechtliche oder sonstige einschränkende Konsequenzen haben würde.

Diese Aussage wurde zwar guten Gewissens getätigt, war aber falsch und belastete von vornherein das Vorgehen der Kreisverwaltung.

Als dann die verschiedenen Schutzmaßnahmen unter dem Begriff „Sammelverordnung" zusammengefasst wurden, brach in der Ortschaft Teufelsmoor ein Sturm der Entrüstung aus: Schilder und große Holzkreuze säumten den Rand der Teufelsmoorstraße zwischen Pennigbüttel und Neu St. Jürgen, auf denen auf die jahrhundertealte Bauernkultur im Teufelsmoor verwiesen wurde, die mit der Sammelverordnung zu Grabe getragen werden würde.

Zu allem Überfluss setzte sich der Streit im Kreistag Osterholz fort: Die bis dahin arbeitende Mehrheit von SPD und CDU zerbrach in den vorbereitenden Abstimmungen über die Verordnungen. In der entscheidenden Kreistagssitzung bildete sich eine neue Mehrheit aus SPD, Grünen und den Linken, die bei den mit der Verordnung verbundenen Auflagen noch kräftig draufsattelte, zugunsten des Naturschutzes und zulasten der Landwirte.

Während die „neue Mehrheit" im Kreistag schnell wieder zerbrach, war die Sammelverordnung beschlossene Sache. Auch wenn sie heute offiziell keine Rolle mehr spielt und das Thema für die Kreisverwaltung abgeschlossen ist, ist sie bei den Landwirten weiter präsent und wird in persönlichen Gesprächen immer wieder angesprochen.

Unter diesen Bedingungen war es nicht leicht, mit der Landwirtschaft Gespräche über die Gründung eines Naturparks zu beginnen. Aber dem wird zu Recht entgegengehalten: „Ohne die Sammelverordnung hättet ihr euch einen Naturpark von vornherein abschminken können!" Warum das?

Naturparks sind an wenige Auflagen gebunden, die strikteste ist die 40-%-Klausel: 40 % der Fläche eines Naturparks muss als Schutzgebiet ausgewiesen sein. Mindestens.

Ohne den großen Anteil an Schutzgebieten in der Hammeniederung, sowohl aufgrund der Umsetzung des GR-Gebietes, als auch durch die Sammelverordnung, wäre trotz der Schutzgebiete in Bremen (Blockland, Hollerland, Wümmewiesen) die 40-%-Grenze unerreichbar gewesen. Das Teufelsmoor zieht sich von der Ortschaft Teufelsmoor weit nach Nordosten bis zur Grenze Bremervördes, und Tatsache ist, dass diese weiten Wiesenflächen kaum Schutzflächen aufweisen. Erst in Gnarrenburg befindet sich mit dem Huvenhoopsmoor, das sich bis nach Selsingen hineinzieht, wieder ein großes Gebiet unter Naturschutz.

Auch wenn in den dokumentierten Gesprächen mit Landwirten in der Region schnell und abfällig über die Sammelverordnung gesprochen wurde, es gebietet die Aufrichtigkeit zu sagen, dass trotz unterschiedlicher Bewertung mancher Auflagen die damit verbundene Schutzgebiets-Ausweisung ein Glücksfall für den geplanten Naturpark ist.

Deshalb kann auch gesagt werden, dass – zum Zeitpunkt des Redaktionsschlusses für das vorliegende Buch im Sommer 2022 – die Wahrscheinlichkeit für einen gemeinsam formulierten Genehmigungsantrag zu Beginn 2023 als hoch eingeschätzt werden kann. Zwar werden nicht alle Wünsche in Erfüllung gehen – so wird Fischerhude mit seinen Wümmewiesen wohl nicht dazu gehören, auch um die Bremer Schweiz wird noch gerungen –, aber wenn es wirklich gelingen sollte, über den Landkreis Osterholz hinaus Teile des Landkreises Rotenburg dabeizuhaben und die Zustimmung eines zweiten Bundeslandes – Bremen – zu gewinnen, mit den Blocklandwiesen bis zur Wümme und weiteren Bereichen teilzunehmen, wäre das ein großer Erfolg.

Nachfolgend wird zum besseren Verständnis die sogenannte Sammelverordnung im Einzelnen vorgestellt, die Einordnung in die Ausführungen des vorliegenden Kapitels ist unseres Erachtens aber Voraussetzung dafür, eine Gesamtbeurteilung vorzunehmen.

Sammelverordnung „Hammeniederung“ und „Teufelsmoor“

Ursache und Veranlassung für die Kreisverwaltung Osterholz und den Beschluss des Kreistages vom 7. 12. 2016 war die Flora-Fauna-Habitat-Richtlinie der Europäischen Union (FFH-Richtlinie 92/43/EWG). Damit sollte ein günstiger Erhaltungszustand der Arten und Lebensraumtypen von gemeinschaftlichem Interesse wiederhergestellt oder gewahrt werden. Ein Mittel sollte die Errichtung eines nach einheitlichen Kriterien ausgewiesenen Schutzgebietssystems (Natura 2000) sein. Die FFH-Gebiete werden von den Bundesländern nach EU-weit einheitlichen Standards ausgewählt und unter Schutz gestellt. Das bedeutet i. d. R. Naturschutz- oder Landschaftsschutzausweisung durch die kommunalen Gremien, hier den Kreistag Osterholz.

Vorläufer der FFH-Richtlinie war die Vogelschutzrichtlinie 79/409/EWG, die am 2. April 1979 vom Rat der Europäischen Gemeinschaften in Kraft gesetzt wurde. Damit sollten der beobachtete Rückgang der europäischen Vogelbestände aufgehalten und insbesondere die Zugvögel besser geschützt werden.

Der Streit zwischen Landwirten und Kreisverwaltung entzündete sich daran, dass den Landwirten ursprünglich zugesichert worden war, dass die Vogelschutzrichtlinie durchaus akzeptiert werden könne,

Die Beeke nördlich der Teufelsmoorstraße

weil sie keine Auswirkungen auf die Bewirtschaftung ihrer Flächen habe. Durch die FFH-Richtlinie wurde jedoch den Landkreisen der Erlass von Schutzverordnungen als Pflicht auferlegt, und mit diesen Verordnungen – zusammengefasst als „Sammelverordnung" durch den Kreistag Osterholz – fühlten sich die Landwirte übergangen, was noch heute zu Verärgerung und Vertrauensverlust führt.

Dabei spielt sicher auch eine Rolle, dass mit den Verordnungen teilweise erheblich in die Eigentumsrechte der Besitzer eingegriffen wurde, manchmal auch mit einer Ausdifferenzierung der Maßnahmen, die großen Unwillen hervorriefen.

Die Sammelverordnung selbst wurde am 7.12.2016 vom Kreistag beschlossen. Noch zur Sitzung des Kreistages wurden Änderungseinträge eingebracht, die Verordnung wurde schließlich mit 24 gegen 21 Stimmen angenommen.

In einem Prolog zum Beschlussvorschlag der Kreisverwaltung geht diese noch einmal auf die Hintergründe der lebhaften öffentlichen Diskussion ein:

Der Kreisverwaltung ist es vor dem Hintergrund der öffentlichen Diskussion der vergangenen Monate ein Anliegen, Folgendes zu betonen: Die Sammelverordnung ist unter der Prämisse erarbeitet worden, einen ausreichenden Schutz für unsere wertvolle Natur und Landschaft zu erreichen. Dabei steht es für die Kreisverwaltung außer Frage, dass dieser Schutz nur gemeinsam mit den Menschen möglich ist, die Eigentümer, Nutzer und Besucher der Gebiete sind. Besonders gilt das für die Landwirtschaft als größten Flächennutzer. Nur, wenn Landwirtschaft in weiten Teilen der Gebiete weiterhin betrieben wird, gelingt die notwendige Pflege der Flächen. Darum ist die Zukunft der Landwirtschaft bei der Erarbeitung des Entwurfs eine Frage, die jederzeit von der Kreisverwaltung mit hohem Respekt, hoher Ernsthaftigkeit und entsprechend hohem Gewicht berücksichtigt wurde.

In der Begründung der Beschlussvorlage heißt es u.a.:

Nach dem Sicherungskonzept soll mit erster Priorität der innerhalb des Kreisgebietes bei weitem größte Natura-2000-Gebietskomplex „Hammeniederung mit Hochmoorkomplex Teufelsmoor" gesichert werden. Dieser umfasst das gesamte EU-Vogelschutzgebiet „Hammeniederung" sowie große Teile des FFH-Gebietes „Untere Wümmeniederung, untere Hammeniederung mit Teufelsmoor".

Die Gründe für diese Prioritätensetzung liegen im Wesentlichen in den Auflagen des Zuwendungsbescheids zum Naturschutzgroßprojekt gesamtstaatlich repräsentativer Bedeutung „Hammeniederung" (GR-Projekt), der nach einer Unterschutzstellung erst möglichen Realisierung der B 74n (Ortsumgehung Scharmbeckstotel/Ritterhude) sowie dem besseren Schutz vor weiterem industriellen Torfabbau und vor weiterem Grünlandumbruch.

Aus heutiger Sicht ist das Sicherungskonzept zu aktualisieren. Inzwischen ist durch die Rechtsprechung, durch Erlasse des Niedersächsischen Umweltministeriums sowie im Rahmen eines laufenden EU-Vertrags-

Die Beeke südlich der Teufelsmoorstraße

verletzungsverfahrens unmissverständlich klargestellt worden, dass eine Sicherung von Natura-2000-Gebieten allein durch Vertragsnaturschutz oder vertragliche Vereinbarungen rechtlich nicht ausreichend ist. Es muss, wie jetzt vorgeschlagen, eine hoheitliche Sicherung über Schutzgebietsverordnungen erfolgen.

Auf der Basis des Sicherungskonzeptes fasste nach Vorberatung im Ausschuss für Umweltplanung und Bauwesen am 16.09.2010 der Kreisausschuss am 21.09.2010 den folgenden Beschluss (vgl. Drucksache 2010/200):

> *Die Verwaltung wird beauftragt, zur Sicherung der Natura-2000-Gebiete im Bereich Hammeniederung/Teufelsmoor einen Entwurf für eine Verordnung über Naturschutz- und Landschaftsschutzgebiete für die nachfolgende Einleitung des Unterschutzstellungsverfahrens zu erarbeiten und dem Ausschuss für Umweltplanung und Bauwesen sowie dem Kreisausschuss vorzulegen.*
>
> *Der Verordnungsentwurf soll die Vorgaben des bereits für die Natura-2000-Gebiete beschlossenen Sicherungskonzeptes (Drucksachen-Nr. 2009/60) berücksichtigen.*
>
> *Bezüglich des Gebietes des Naturschutzgroßprojektes „Hammeniederung“ ist im Entwurf für die zu erlassende Naturschutzgebietsverordnung der in Kraft gesetzte Pflege- und Entwicklungsplan einschließlich der Sonderkonzepte für hauptbetroffene Landwirtschaftsbetriebe, für hauptbetroffene Fischereivereine und Berufsfischer, für örtliche Bootsvereine sowie für den Segelflugplatz Osterholz entsprechend den Beratungen gemäß Drucksachen-Nrn. 99/97-4, 99/97-6 und 99/97-8 zu berücksichtigen.*

Entsprechend des vorgenannten Beschlusses legte im Februar 2015 die Verwaltung mit der Drucksache 2015/9 den Arbeitsentwurf 02/2015 zur Sammelverordnung über Natur- und Landschaftsschutzgebiete im Bereich „Hammeniederung“ und „Teufelsmoor“ vor. Nach Vorberatung im Ausschuss für Umweltplanung und Bauwesen am 11.02.2015 fasste der Kreisausschuss am 10.03.2015 folgenden Beschluss (vgl. Drucksache 2015/9):

> *Das Verfahren zum Erlass der Sammelverordnung über Natur- und Landschaftsschutzgebiete im Bereich „Hammeniederung“ und „Teufelsmoor“ wird eingeleitet und der Arbeitsentwurf der Sammelverordnung als Grundlage für das weitere Verfahren zur Kenntnis genommen.*
> *Die Verwaltung wird beauftragt,*
>
> - *den vorliegenden Arbeitsentwurf weiter mit besonders betroffenen Nutzern, insbesondere aus dem Bereich der Landwirtschaft, vorabzustimmen und sich daraus ggf. ergebende sinnvolle Ergänzungen oder Modifizierungen des Verordnungsentwurfs vorzunehmen,*
> - *nach Abschluss der Vorabstimmungen unmittelbar mit der verwaltungsseitig abschließend erstellten Entwurfsfassung in das öffentliche Beteiligungsverfahren einzusteigen sowie*

- *über den weiteren Fortgang im Ausschuss für Umweltplanung und Bauwesen zu berichten und nach Abschluss des Beteiligungsverfahrens den Entwurf mit einem Abwägungsvorschlag zu den eingegangenen Stellungnahmen zur weiteren Beratung vorzulegen.*

Diesen Beschluss hat die Kreisverwaltung in den Jahren 2015 und 2016 umgesetzt. Die umfassenden Vorabstimmungen und Gespräche mit verschiedenen hauptbetroffenen Behörden und Nutzergruppen wurden in einem ausführlichen Sachstandsbericht (Drucksache 2015/203) vom Ausschuss für Umweltplanung und Bauwesen am 26.11.2015 und vom Kreisausschuss am 14.01.2016 zur Kenntnis genommen.

Von besonderer Bedeutung für das Verständnis der Sammelverordnung und des Umfangs der damit verbundenen Maßnahmen ist die Übersichtskarte, die die betroffenen Flächen ausweist.

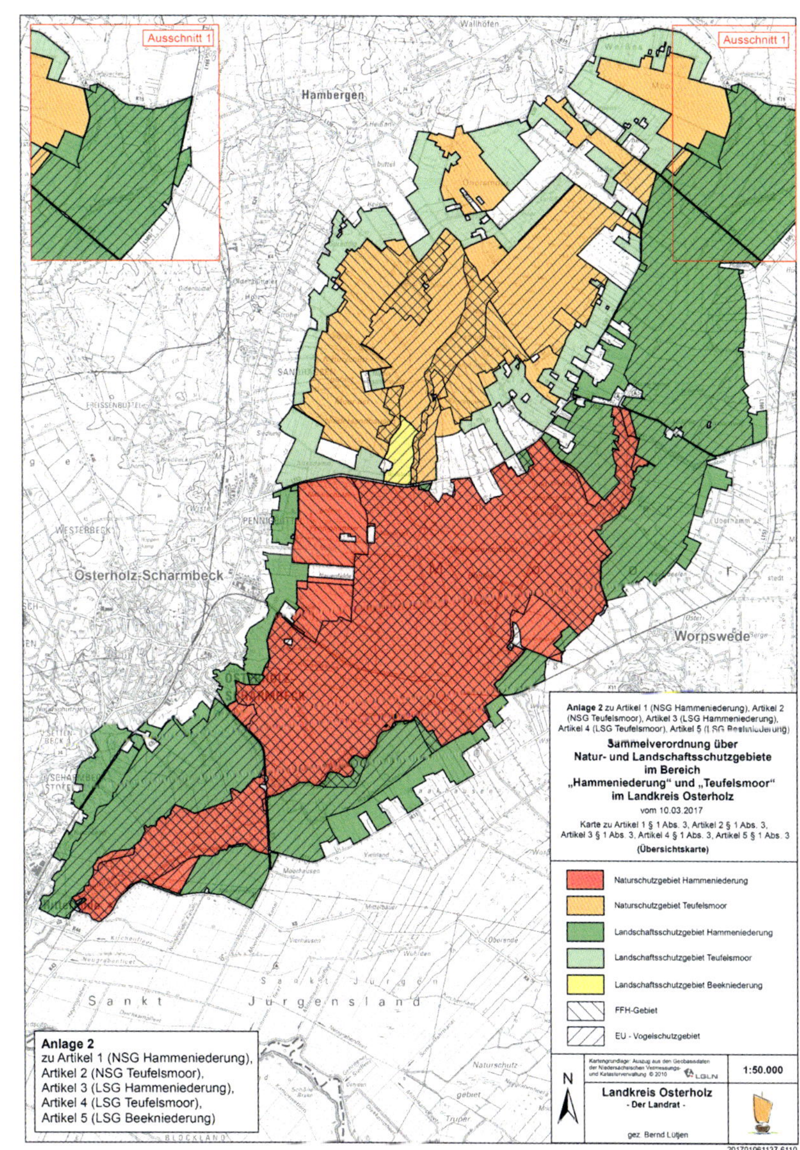

Karte zur Sammelverordnung „Hammeniederung“ und „Teufelsmoor“ | Landkreis Osterholz

Kooperativer Naturschutz

Kooperation statt Konfrontation ist das Ziel des Naturparks. Verständlicher ausgedrückt: Es sollen die gemeinsamen Interessen identifiziert und gefördert werden und eine konstruktive Zusammenarbeit soll angestrebt werden. Noch anders gesagt: Vertrauen muss die Grundlage sein. Ohne Zweifel ist zwischen Landwirten und Politik bzw. politisch handelnden Personen eine Menge Vertrauen verloren gegangen, und auch aktuell ist die Auseinandersetzung zwischen dem Land Niedersachsen, das den Niedersächsischen Weg der Kooperation gehen will, und dem Bundesumweltministerium, das mit dem Insektenschutzprogramm eine allumfassende Lösung gefunden zu haben glaubt, beispielhaft für den weiteren Vertrauensverlust auf Seiten der Landwirte.

Für die regional handelnden Personen, und somit auch für die Initiatoren des Naturparks, ist es schwierig, ihren eigenen Kurs deutlich zu machen und nicht in den Strudel des Vertrauensverlustes hineingezogen zu werden. Der Naturpark Teufelsmoor konnte bisher nicht durch eigenes Handeln um Vertrauen werben, sondern nur durch Reden. Und das reicht nicht.

Besser haben es da die Akteure in Bremen. Seit Jahren haben sich Landwirte und Jäger auf der einen Seite und Behörden und Naturschützer auf der anderen Seite einander angenähert und betreiben heute auf beispielhafte Weise einen kooperativen Naturschutz.

In den letzten Jahrzehnten des 20. Jahrhunderts war das alles andere als selbstverständlich. Der BUND hatte die Wahrheit grundsätzlich für sich gepachtet, die Landwirte reagierten auf Naturschutz-Initiativen am liebsten mit dem altbewährten Spruch: „Runner von min Hoff!"

Irgendwann erkannten besonnene Gemüter, dass damit niemandem gedient war, dem Naturschutz am wenigsten. Über konkrete Initiativen fand man zusammen, zuerst mit Distanz und vielen Bedenken, allmählich dann aus Überzeugung.

Das erste Projekt war das Prädatoren-Management. Die Jägerschaft erkannte, dass die Zahl der Wiesenbrüter im Blockland immer weiter zurückging, und analysierte die Ursachen. Fündig wurde man in der immer weiter steigende Zahl der Raubtiere, der Füchse und Marder und inzwischen vermehrt auch der Waschbären, die sich an den Gelegen gütlich taten. Als diese Ursache zweifelsfrei geklärt war, setzte sich die Bremer Jägerschaft mit dem Bauernverband zusammen und suchte auch die Unterstützung von BUND und NABU. Letztere waren zuerst zögerlich, schienen dann aber für ein gemeinsames Vorgehen bereit. Man vereinbarte das Aufstellen von Fallen und erreichte nach einem Zeitraum von circa zwei Jahren eine spürbare Zunahme der Wiesenvogelgelege – die Maßnahme hatte sich bewährt. Inzwischen wird das Prädatoren-Management auch in den Wümmewiesen praktiziert, sowohl im Bremer als auch im Fischerhuder Bereich, und auch auf dem Harriersand im Landkreis Osterholz.

Die gute und systematische, vom Land Bremen geförderte Zusammenarbeit wurde auf weitere Regionen wie das Werderland ausgedehnt und umfasst u. a. den

Die Beeke mit „nassen Wiesen" nach Regenwetter im Winter

sorgfältigen Schutz von Wiesenvogelgelegen, um diese insbesondere zur Mahd vor Beeinträchtigungen zu bewahren. Zwischen BUND, Landwirtschaft und Jägerschaft hat sich ein Vertrauensverhältnis entwickelt. Dies ist auch in Fischerhude festzustellen, wo die Jägerschaft oftmals die Initiative übernommen hat, nicht nur bei Gelegeschutzmaßnahmen, sondern auch bei der Anlage von Randstreifenprogrammen, die zum Teil in gemeinsamer Vereinbarung zwischen Jägerschaft und Landwirten zu Blühwiesen zusammengefasst wurden.

Die Bremer und Fischerhuder Initiativen und daraus resultierenden Erfahrungen sind gut geeignet, um auf die gesamte Region eines zukünftigen Naturparks übertragen zu werden.

Modellprojekt Gnarrenburger Moor

Die Landwirtschaftskammer Hannover mit Sitz in Bremervörde führt seit 2016 einen Modellversuch im Gnarrenburger Moor durch, welcher auch Aussagekraft für andere Moorflächen haben soll – soweit dies möglich ist, denn viele Moore sind nicht miteinander vergleichbar. Die Bedingungen des Hochmoors in Gnarrenburg sind ganz andere als die im Niederungsmoor in den Hammewiesen, diese Unterschiede müssen beachtet werden. Kennzeichnend für das Gnarrenburger Projekt ist die Einbeziehung der betroffenen Landwirte von Beginn an. Heute sind knapp sechzig Landwirte aktiv beteiligt. Auf diese Weise konnten harte Kontroversen und Auseinandersetzungen vermieden werden.

Die Landwirtschaftskammer veröffentlichte am 12. 11. 2020 Kernbotschaften über das Modellprojekt, die wesentlichen Inhalte werden nachfolgend wiedergegeben:

Das Modellprojekt Gnarrenburger Moor hat zum Ziel, Maßnahmen zur Minderung der Treibhausgasemissionen und der Torfdegradation auf landwirtschaftlich genutztem Hochmoorgrünland unter Beibehaltung der Grünlandbewirtschaftung zu entwickeln und deren Umsetzung zu fördern. Nach vier Projektjahren werden hier erste vorläufige Empfehlungen und Handlungsoptionen für die Umsetzung von Moorboden- und Klimaschutzzielen auf landwirtschaftlich genutzten Moorböden, hier u. a. auf Hochmoor, formuliert.

Nachfolgend Auszüge aus einem Zitat zum Modellprojekt von der Landwirtschaftskammer Niedersachsen:

Das Modellprojekt Gnarrenburger Moor

Das Projektgebiet

Das Gnarrenburger Moor liegt im Landkreis Rotenburg (Wümme), Niedersachsen, östlich der Ortschaft Gnarrenburg. Das Projektgebiet „Gnarrenburger Moor" umfasst, zusammen mit dem assoziierten Rummeldeis Moor, eine Fläche von gut 7.100 ha, wovon gut 4.100 ha unter landwirtschaftlicher Nutzung, überwiegend Grünland, stehen. Landwirtschaftliche Produktionszweige sind die Milchwirtschaft, die Weidemast und, in geringem flächenmäßigen Umfang, aber mit erheblicher Wertschöpfung, auch der Kartoffelanbau („Moorkartoffel"). Das Moor ist gekennzeichnet durch einen mächtigen Hochmoorkörper mit mittleren Torfmächtigkeiten zwischen zwei und vier Metern, mit einer Weißtorfauflage von 0,5 bis 1,0 Metern über Schwarztorf. Die Flächen sind überwiegend durch Gräben entwässert und weisen im Sommer Wasserstände von 0,7 bis 1,1 Metern unter Flur auf.

Ziele des Modellversuchs

Das Ziel des Modellprojekts Gnarrenburger Moor ist es, in Kooperation mit den Landwirten Maßnahmen zur Minderung der Treibhausgasemissionen und der Torfverluste bei der landwirtschaftlichen Moornutzung zu entwickeln, die Akzeptanz dafür zu fördern, Wege zur Erhaltung und Verbesserung der Existenz- und Entwicklungsmöglichkeiten der landwirtschaftlichen Betriebe sowie Anpassungsmöglichkeiten an eine klimaschonende Moorbewirtschaftung aufzuzeigen und Beratungsgrundlagen dafür zu schaffen.

Instrumente des Modellversuchs

Das Modellprojekt arbeitet mit dem Instrument der Kooperation, welches auch im Hinblick auf eine flächendeckende Einführung und Umsetzung von Maßnahmen sinnvoll und notwendig ist:

Die Kooperation

Im Modellprojekt wurde eine Kooperation, bestehend aus Vertretern der freiwillig beteiligten Landwirte, der Landwirtschaftskammer (LWK), des Landesamtes für Bergbau, Energie und Geologie (LBEG) sowie beratenden Akteuren aus Gemeinde, Behörden und Verbänden gegründet. Die Kooperation dient der Kommunikation sowie der Beratung und Beschlussfassung über torf- und klimaschonende Maßnahmen im Modellgebiet. In der Kooperation stehen die kooperierenden Landwirte im Mittelpunkt und haben die Möglichkeit, torf- und klimaschutzorientierte Maßnahmen mit Fachbehörden unter Einbindung von Verwaltung und berufsständischen Vertretungen als Grundlage zukünftiger Förderinstrumente und landesweiter Beratung mitzugestalten. Über den Arbeitskreis der Kooperationslandwirte als assoziiertes Gremium der Kooperation haben sich mittlerweile 59 Bewirtschafter, Hofnachfolger und Eigentümer der Modellregion in die Kooperationsarbeit eingebracht. Sie bewirtschaften rund dreißig Prozent der landwirtschaftlich genutzten Fläche.

Kernbotschaften

- *Die Anhebung der Jahreswasserstände im Hochmoorgrünland auf 30 cm unter Geländeoberfläche ist möglich, technisch anspruchsvoll und auf Wasserzufuhr angewiesen.*
- *Maßnahmen zum Anheben der Wasserstände in größeren Hochmoorgebieten erfordern ein aktives Wassermanagement mit Wasserrückhalt in der Landschaft.*
- *Die Höhenverluste konnten mittels Wasserstandsanhebung durch Unterflurbewässerung reduziert werden, aber es ist unklar, wie dauerhaft dieser Effekt ist.*
- *Im Jahr 2019 wurde eine schachtbasierte Unterflurbewässerung eingerichtet, die eine grabenunabhängige Wasserregulierung auf der Fläche erlaubt.*
- *Gleichzeitiger Grünlandumbruch und Wasserstandsanhebung führten im ersten Jahr unter ungünstigen Bedingungen zu hohen Lachgas- und CO_2-Emissionen und Nährstofffreisetzungen.*
- *Die Bewirtschaftung von Hochmoorgrünland mit Unterflurbewässerung und Wasserständen um 30 cm unter Geländeoberfläche ist möglich, die Erträge und Grünlandnarbe sind gut, die Befahrbarkeit ist etwas eingeschränkt.*
- *Die Akzeptanz der Landwirte für klima- und torfschonende Maßnahmen ist gewachsen.*

Empfehlungen und Handlungsoptionen

- *Die am gebietsbezogenen Wassermanagement anknüpfenden flächenbezogenen Maßnahmen können sukzessive in Abhängigkeit von den Möglichkeiten vom Grabeneinstau (kleiner Transformationspfad) bis zu nassen Nutzungsformen (Paludikultur) weiterentwickelt werden.*
- *Ein gebietsbezogenes Wassermanagement mit Rückhalt von winterlichem Überschusswasser zur Wasserbereitstellung und Gewährleistung hoher Grabenwasserstände im Sommer ist ein*

wichtiger erster Schritt auf dem Transformationspfad von der bisherigen, entwässerungsbasierten Landwirtschaft hin zu moor- und klimaschonender Landwirtschaft.

- *Eine moor- und klimaschutzorientierte Bewirtschaftung von Moorstandorten erfordert hohe Wasserstände, was zu einer verminderten Befahrbarkeit führt. Die Entwicklung geeigneter Maschinentechnik ist von großer Bedeutung, damit die Standorte weiterhin bewirtschaftet werden können*
- *Für die Landwirtschaftsbetriebe bedeutet eine Beteiligung an flächenbezogenen Maßnahmen zum Moor- und Klimaschutz erhebliche finanzielle Aufwendungen und Risiken, die sich aus den Kosten für Installation und Wartung, aber auch möglichen Ertragseinbußen ergeben.*

Die weiteren Planungen im Gnarrenburger Hochmoor

Aus den oben zitierten Kernbotschaften sind zwei Erkenntnisse von besonderer Bedeutung: Das große Problem ist die Wasserzufuhr für die großflächige Unterflurbewässerung. Woher das Wasser nehmen? Regenwasser steht nicht ausreichend zur Verfügung und ist gerade in den Sommermonaten kaum vorhanden. Hinzu kommt: Es bestehen Bedenken gegen eine mögliche Verunreinigung des Regenwassers. Die Alternative ist die Entnahme von Grundwasser. Ist aber die kontinuierliche und erhebliche Menge an Grundwasser, das entnommen werden muss, zu rechtfertigen?

Es ist paradox: Während im Niederungsmoor erbittert gestritten wird, in welchem Umfang eine Vernässung gerechtfertigt ist, also das Wasser nicht abgeführt werden soll, sucht man im Hochmoor verzweifelt genau danach: Wasser.

Das zweite Problem liegt in der hohen Konzentration von Lachgas- und CO_2-Emissionen. Das beschriebene Modellprojekt sollte zum Jahresende 2021 auslaufen und in eine Konzeptionsphase übergeführt werden, in der konzeptionell die Ergebnisse des Modellprojektes in einem begrenzten Cluster von einigen 100 Hektar umgesetzt werden sollen. Ziel ist die Anfertigung einer Machbarkeitsstudie, um auf deren Basis eine erste Entscheidung zur Umsetzung der Erkenntnisse in der Praxis der Landwirtschaft zu treffen.

Dabei wird von großer Bedeutung sein, welche endgültige Politik einer Moorvernässung von der neuen Bundesregierung ab 2022 verfolgt wird. Zur Diskussion steht das Ziel eines Wasserstandes von 10 bis maximal 20 cm unter Flur, welches mit dem Gnarrenburger Projekt nicht kompatibel wäre.

Zu diskutieren wird dann aber auch sein, welche Rolle die Landwirtschaft in einer solchen Konzeption, die auf Paludikulturen setzt, einnehmen soll. Diese Bewirtschaftung hat bisher keinen Nachweis der Marktfähigkeit erbracht und würde das Risiko ausschließlich den betroffenen Landwirten aufbürden.

Diese Diskussion steht nicht nur den beteiligten Landwirten im Gnarrenburger Projekt bevor, sondern der gesamten Landwirtschaft in den Moorregionen Niedersachsens, selbstverständlich auch in der Region der Hammeniederung.

Vernässungsprojekt auf der Wulfsburg

Während unseres Besuches für ein Gespräch zur Familienchronik mit Rainer Finken, seiner Frau Susanne und Tochter Marleen kam der Wunsch von Rainer Finken zur Sprache, Wiesenflächen der Wulfsburg während der Sommermonate zu vernässen. Dazu liege ihm eine Machbarkeitsstudie vor, die von der Michael Succow Stiftung, Partner des Greifswalder Moorzentrums, im Auftrag des Niedersächsischen Landvolks durchgeführt worden sei, und die Machbarkeit sei positiv beurteilt.

Er habe das Projekt mehreren Stellen angeboten, von der Unteren Naturschutzbehörde bis zum Ministerpräsidenten in Hannover. Überall sei er auf Wohlwollen gestoßen, habe aber leider keine weitergehende Unterstützung erfahren. Dabei habe er schon Bauteile beschafft, um die Vorfluter im Winter abriegeln zu können.

Wir griffen die Anregung unverzüglich auf. Wir sprachen mit den Herren Stephan Warnken und Reinhard Garbade beim Landvolk, die uns Dr. Arno Krause vom Grünlandzentrum Ovelgönne empfahlen, um das Projektmanagement zu übernehmen. Mit diesem sprach ich am nächsten Tag und stieß auf großes Interesse. Außerdem empfahl mir Dr. Krause, im Vorfeld der Antragstellung die politische Unterstützung der Landesregierung einzuwerben. Also telefonierten wir mit MdL Oliver Lottke, der wiederum zusicherte, in der folgenden Woche mit Umweltminister Olav Lies darüber zu sprechen.

Mit diesen Informationen trafen wir uns wieder mit Rainer Finken und besichtigten die Flächen zwischen Wulfsburg, Teufelsmoorstraße, Beeke und Höhe Bargschütt.

Vor Ort am Pferdegraben: Jürgen Streckfuss, Gerd Schmidt, Rainer Finken (von links)

Kurzbeschreibung des Projekts zur Vernässung von Wiesenflächen im Teufelsmoor

Standort

Wulfsburg, Teufelsmoorstraße, Osterholz-Scharmbeck, Ortsteil Sandhausen, Landwirt Rainer G. Finken, Ausdehnung circa 50 ha bis zur Beeke.

Projekthintergrund

Studie der Uni Greifswald und des Instituts für ökologische Forschung und Planung biota (bei Rostock). Das Institut hat 2020 eine Machbarkeitsstudie angefertigt, die das Projekt aus ökologischer und hydrologischer Sicht positiv einstuft. Der Landvolkvorstand Osterholz unterstützt das Projekt.

Projektumfang

Während der Wintersaison von Oktober bis März sollen die Flächen durch Rückhaltung des Oberflächenwasser vernässt werden. Dafür werden an den Vorfluter-Gräben Staueinrichtungen geschaffen, die im Frühjahr zurückgenommen werden, um das Wasser allmählich in die Beeke abfließen zu lassen.

Projektziel

Es handelt sich um ein Demonstrationsprojekt, welches Erkenntnisse über die Auswirkungen der Vernässung auf die Biofauna des Moorbodens und auf die Bewirtschaftung geben soll. Ziel ist es, den Grundwasserstand (in Abstimmung mit dem GLV durch Regulierung der Schleuse Ritterhude) leicht anzuheben, dies wird von den Projektergebnissen abhängen.

Die Wiesenflächen sollen während der Sommerperiode weiter bewirtschaftet werden.

Auswirkungen

Landwirte in der Region erfahren, was Naturpark-Arbeit in der Praxis bedeutet: abgestimmte Projektarbeit im Einvernehmen mit Eigentümern. Weitere und größere Flächen, z. B. im Polder Waakhausen, könnten umgesetzt werden.

Projektmanagement

Grundsätzliches Interesse hat das Grünlandzentrum in Ovelgönne geäußert (Geschäftsführer Dr. Arno Krause).

Projektkosten

Vorbehaltlich einer detaillierten Kalkulation werden die Projektkosten circa 200.000 Euro betragen.

Zeitraum

Das Projekt könnte 2022 beginnend umgesetzt werden.

Als Koordinator steht z. Zt. der Förderverein Naturpark Teufelsmoor e. V. zur Verfügung.

Kiebitz – Beispiel für das Artensterben

Es ist immer weniger Menschen bewusst, dass bis in die 60er- und 70er-Jahre des letzten Jahrhunderts in den nassen Wiesenflächen der Schönebecker und der Blumenthaler Aue der Kiebitz oder auch die Bekassine zwei der selbstverständlich zu beobachtenden Vogelarten waren. Auf einigen Wiesen brüteten Kiebitzkolonien; die Vögel waren mit ihren artistischen Flugbildern typisch für unsere Region.

Das ist etwa 60 Jahre her, und von beiden Vogelarten ist bei uns nichts mehr zu sehen. Sind sie trotzdem irgendwo zu sehen, gleicht das schon einer Sensation. Ursachen für das Fortbleiben sind in erster Linie das Entwässern der Auewiesen, die Begradigung des Flusslaufes, das frühe Walzen und Striegeln der Wiesen, der vermehrte Maisanbau und die Zunahme von Raubtieren wie Fuchs, Marderhund und Waschbär. Diese Entwicklung beschrankt sich keinesfalls nur auf die norddeutsche Tiefebene. Die im weiteren Verlauf zitierte Studie bezieht sich auf die Situation in Sachsen, zum Teil sogar auf die östlichen Landesteile, und damit auf eine wirklich nicht immer vergleichbare Region.

Es stellt sich die Frage, ob das Aussterben – so muss es schon bezeichnet werden – des Kiebitzes wie auch anderer Wiesenvögel hingenommen werden muss, oder ob Maßnahmen zur Wiederansiedlung eine Chance zur Rettung von Vogelarten bieten.

Die großflächige Anlage eines Naturparks ist sicher eines der Kriterien, die über eine Wiederansiedlung

Junge Kiebitze | Foto: Simone Kasnitz

nachdenken lassen, Verbund und Erfahrungsaustausch mehrerer vergleichbarer Naturparke wären ein noch geeigneteres Instrument. Um keinen falschen Eindruck zu erwecken: Einige Wiesen in einem Auetal wieder gezielt wiederzuvernässen und dann zu glauben, der Kiebitz würde vor Freude in die Flügel klatschen und die Brut eröffnen, wäre naiv. Nachfolgend soll auf Basis der Studie aus dem Land Sachsen ein Handlungskatalog erstellt werden, mit dem der Lebensraum für den Kiebitz wiederherzustellen wäre. Dies allerdings nur in einem landesweiten, abgestimmten Verfahren, um auf systematischer Grundlage Erfahrungen zu sammeln und zu klären, ob überhaupt die Chance besteht, Kiebitz und Bekassine zu retten.

Mit sogenannten Investivmaßnahmen plant der Freistaat Sachsen die Herstellung von „Kiebitzrefugien“. Diese sollen landesweit in Regionen mit traditionellen Brutvorkommen eingerichtet werden und dauerhaft geeignete Lebensräume zum grundlegenden Bestandserhalt des Kiebitzes zur Verfügung stellen.

- Im Fokus steht die Optimierung der Brutbedingungen, wobei umfangreiche Maßnahmen zur gezielten und teils regelbaren Vernässung von Flächen den Kern bilden. Dabei spielt die Offenhaltung der Flächen eine wichtige Rolle, die durch regelmäßige Pflege oder Bewirtschaftung erreicht werden kann.
- Begleitend wird auch das Thema Prädatoren-Management berücksichtigt und diskutiert.
- Neben den umfangreichen Planungen ist vor allem die (freiwillige) Mitwirkung aller beteiligten Akteure, wie Landbesitzern, Flächenbewirtschaftern, Anwohnern, Jägern, Kommunen, Behörden und Naturschutzverbänden von übergeordneter Bedeutung. Dabei wird auch das Instrument der ländlichen Neuordnung (Flurbereinigung) genutzt.
- Von höchster Bedeutung und gleichzeitig eine große Schwierigkeit ist die Herstellung der Flächenverfügbarkeit. Nicht nur aufgrund hoher Grundstückspreise ist der Flächenkauf mit großen Schwierigkeiten verbunden. Flächen im Eigentum der öffentlichen Hand fällt eine wichtige Rolle zu. Diese können als Tauschflächen fungieren oder direkt zur Maßnahmenrealisierung Verwendung finden.

Perspektiven und Aufgaben des Fördervereins

Die Altersstruktur bei den Mitgliedern des Fördervereins zeigt eine Überalterung. Der Vorstand besteht zu 75 Prozent aus Rentnern. Wir jubeln, wenn mal jemand Jüngeres anruft. „Was machen wir falsch?", fragen wir uns selbstkritisch. Ist das Thema Naturschutz nur dann für den Nachwuchs attraktiv, wenn es von Aktionen begleitet wird? Nur dann, wenn es sensationell verpackt wird? Als Aufmacher fur die Presse? Sollen wir unsere Vorgehensweise ändern? Schlagzeilenorientiert vorgehen? Ganz auf Klimaschutz setzen? Katastrophenszenarien entwerfen, wie zum Beispiel:

„Wenn heute das Moor nicht vernässt wird, wird morgen die Nordsee vordringen und die Aufgabe übernehmen!"

„Wenn kein kooperativer Naturschutz realisiert wird, dann werden Landwirtschafts-Multis die Flächen im Teufelsmoor übernehmen!"

„Der Naturpark ist die Überlebensgarantie für die bäuerlichen Familienbetriebe!"

Dazu ist wenig Bereitschaft festzustellen, wir wollen uns selbst ernst nehmen können.

Wir wollen eine Gesprächsrunde im und für den Naturpark etablieren. Die Anregung kam u. a. aus den Interviewgesprächen, hier von Bernhard Kaemena in Niederblockland. „Ladet junge Landwirte ein, lasst sie sich ordentlich über ihre Erfahrungen mit Naturschutz auskotzen. Und sprecht dann gemeinsam darüber, was besser gemacht werden kann."

Ein solches „Forum Naturpark" soll auch Grundlage der Entwicklung der Projekte für den Naturpark-Plan 2025 bis 2035 sein, so wie es bereits in anderen Naturparken praktiziert wird. Die Gesprächsrunde soll eine Vorfeldveranstaltung sein. Wie wir Jüngere mit dieser Form ansprechen können, daran arbeiten wir. Und wir nehmen gern Anregungen entgegen.

Landwirte sollen zu Partnern werden – ein hochgestecktes Ziel, aber wir meinen es ernst. Bei der letzten Veranstaltung wurden uns nur Abwehrargumente entgegengebracht. Wir konnten fast nur defensiv reagieren – das ist kein Zustand! Wir brauchen noch mehr Gespräche mit Landwirten. Und wir brauchen Taten! Mit Worten allein lassen sich nur wenige überzeugen, vor allem nicht solche, die sich von der Sammelverordnung des Landkreises Osterholz besonders negativ betroffen sehen. Der Naturpark muss mit Taten überzeugen.

Erste Projekte, wie die Vernässung an der Beeke, sind ein hoffnungsvoller Ansatz, nehmen aber fürchterlich viel Zeit zwischen Idee und praktischer Umsetzung in Anspruch. Doch das Ziel rechtfertigt einmal mehr eine zügige Realisierung des Naturparks. Unnötige Verzögerungen lassen das bisher Erreichte nur versanden.

Bisher wurden Naturschutzverbände quasi als natürliche Verbündete behandelt und praktisch vernachlässigt. Es sollte zügig ein „Forum Naturschutz" gegründet werden und die kooperative Zusammenarbeit damit systematisiert werden. Der Vorstand des Fördervereins hat dazu im Januar 2022 die Initiative ergriffen.

Im Frühjahr 2020 erreichte uns eine E-Mail einer Schülerin des Gymnasiums Osterholz-Scharmbeck. Sie nahm an einer Projektgruppe zur Arbeit im Teufelsmoor teil und bat uns, einige Fragen zu beantworten. Das haben wir selbstverständlich gerne getan und auch an einer Diskussion dazu in der Schule teilgenommen.

Die Zukunft

1. Warum soll im Teufelsmoor ein Naturpark entstehen?

Erstens verfügt in Niedersachsen noch kein Naturpark über so ausgedehnte Moore, zweitens verfügt der Nordwesten über keinen Naturpark, und drittens ist es die Region allemal wert. Um „drittens" noch etwas besser zu erläutern: Das sogenannte „Nasse Dreieck" zwischen Weser und Bremervörde mit der Region Teufelsmoor ist nach unserer Auffassung ein Naturraum, der nahezu einmalig in Norddeutschland ist.

Aus der Historie ergibt sich der besondere landschaftliche Wert der Region. Als Niederung ist sie besonders attraktiv für Zugvögel im Frühjahr und Herbst, von der Rohrammer bis zum Kranich. Als Feuchtgebiet mit Schilfgürteln an den Flussläufen und nassen Wiesen bietet die Region eine einzigartige Biofauna, die es zu erhalten bzw. wiederherzustellen gilt. Dabei ist die besondere Anforderung, dass über Jahrhunderte der letztlich nicht erfolgreiche Versuch gemacht wurde, die Region zu entwässern und für die Landwirtschaft zu entwickeln. Die Moorböden haben aber nie dazu führen können, wettbewerbsfähig zu anderen Landwirtschaften zu werden, Grünlandwirtschaft allein macht kaum noch überlebensfähig. Daraus entstehen Anforderungen an einen Naturpark: Wie kann der einzigartige Charakter der Niederungslandschaft bewahrt oder auch wiederhergestellt, dabei aber gleichzeitig die Existenz der Landwirtschaft gesichert werden? Denn es handelt sich um eine von der Landwirtschaft geprägte Kulturlandschaft, die ihren besonderen Charakter – und welcher ist das eigentlich? – behalten und entwickelt sehen soll.

2. Warum ist das Moor schützenswert?

Wenn die Frage nach ganz strengen Maßstäben beantwortet werden soll, müsste die Antwort lauten: Ursprüngliches Moor gibt es kaum noch. Andererseits ist der Moorkörper immer noch 10 m (plus/minus) mächtig, der Zustand der „Moorstraßen" nach Perioden der Trockenheit spricht Bände.

An ausgewählten Flächen wie dem Günnemoor in der Ortschaft Teufelsmoor wird das Niederungsmoor renaturiert, an anderen Orten wie nördlich von Gnarrenburg wird immer noch Torf abgebaut. Eine einfache und pauschale Antwort ist allein deshalb nicht möglich, weil die Region in sich unterschiedlich ist: Entlang der Wümme vom St. Jürgensland bis Oberneuland herrschen gute Böden der Flussmarschen vor, im Niederungsmoor ist großflächig Torf abgebaut worden, dort herrscht Grünland auf Moorboden vor, im Hochmoor wie im Huvenhoopsmoor in Gnarrenburg wird wieder vernässt, in anderen abgetorften Flächen finden Versuche zur gezielten Vernässung mit Wahrung der landwirtschaftlichen Bearbeitung statt.

Weil die gesamte Region ein typisches Niederungsgebiet mit Feuchtlandcharakter ist, mit den eingangs beschriebenen Besonderheiten, weil es als über Jahrhunderte entwässerte Region aber auch anfällig ist, bei Trockenperioden CO_2 freizusetzen und damit wichtig unter Klimaschutzgesichtspunkten, ist die Region geeignet als Naturpark: Um zu untersuchen, welche zukunftsorientierte Anforderungen des Klimaschutzes erfüllt werden können, ob die Erwartungen an die Reduzierung der CO_2-Emissionen durch Wiedervernässung erfüllt werden können, und wie die heimische Landwirtschaft angesichts der damit einhergehenden Veränderungen erhalten werden kann.

3. Was sind die konkreten Maßnahmen des Naturparks?

Ein Naturpark baut auf einer systematischen Projektarbeit auf. Das Team des Naturparks entwickelt Projektvorschläge und legt diese einem Naturpark-Forum vor, welches aus Vertretern von Kommunen und Verbänden besteht, quasi von den Landräten über die Förster und die Landvolk-Vertreter bis zu den Vorsitzenden von BIOS, BUND und NABU.

Im Forum werden die Projektvorschläge verändert, ergänzt und vertieft, um dann in Arbeitsgruppen unter Leitung eines Naturpark-Managers zu Projektanträgen weiterentwickelt zu werden. Diese Anträge werden vom Naturpark-Team in Formulare gegossen und bei Land, Bund und EU sowie bei Stiftungen vorgelegt, um Fördergelder einzuwerben. Mit den Fördermitteln werden die Projektteams gebildet, also externes Personal angeworben, um die Projektarbeit durchzuführen.

Die Projekte werden in einem „Naturpark-Plan 2025 – 2035" zusammengefasst und kontinuierlich zur kritischen Bewertung vorgelegt.

Inhaltlich spielen die Themen Klimaschutz und Wiedervernässung eine wesentliche Rolle, diese müssen konkret an die Bedingungen einer abgegrenzten Fläche angepasst werden: Handelt es sich z. B. um Flächen in öffentlichem Besitz, wie dem Naturschutzgebiet Hammeniederung, auf denen Vernässungsmassnahmen realisierbar sind, oder z. B. um den Polder Waakhausen, der technisch schnell und präzise gesteuert vernässt werden könnte, sich jedoch in Privatbesitz befindet, sodass jeder Grundstückseigentümer zustimmen müsste.

Andere Projekte können sein: Anlage von Rundwanderwegen, z. B. am Hammeufer oder an der Schönebecker Aue, Wiederherstellung des Hamme-Oste-Kanals für Wasserwanderer, Instandsetzung einer Fachwerkscheune (Moorkate) auf Privatbesitz zur Schaffung eines Melkhus und Naturpark-Info-Zentrums, Wiederansiedlung von Kiebitzen auf Auewiesen, die in den 60er-Jahren drainiert wurden, oder auch Bestandsaufnahme der Umweltbildungsinitiativen, Möglichkeiten der Ausweitung, z. B. durch Schulpartnerschaften.

4. Welcher Nutzen ergibt sich dadurch für die Natur?

Als Beispiel möge eine denkbare Vernässung der circa 850 ha des Polders Waakhausen in der Gemeinde Worpswede dienen. Die Grünflächen werden immer weniger intensiv genutzt, der wirtschaftliche Ertrag ist geringer geworden, sodass alternative Konzepte gesucht werden.

Ein Projekt würde zu Beginn eine Bestandsaufnahme der Biofauna vornehmen. Durch das vorhandene Schöpfwerk könnte mit Einverständnis der Grundeigentümer eine allmähliche Vernässung in klar festgelegten Schritten vorgenommen werden. Zu jeder Wachstumsperiode wird wiederum eine Bestandsaufnahme der Biofauna durchgeführt, um Veränderungen und Abweichungen zu dokumentieren. Auf diese Weise kann konkret beantwortet werden, ob und welche Änderungen in der Natur einerseits stattfinden, und ob der jeweilige Grad der Vernässung Auswirkungen auf die CO_2-Emissionen hat. Der Nutzen für die Natur wird demnach nicht pauschal angenommen, sondern muss durch Projektarbeit nachgewiesen werden.

5. Hat ein Naturpark nachhaltige Wirkung?

Da sind wir sehr viel ehrgeiziger: Der Naturpark soll die Entwicklung der Region in den Feldern Naturschutz, regionaler Wirtschaft, Naherholung und Umweltbildung nachhaltig und dauerhaft fördern.

Jedes Feld muss für sich betrachtet und entwickelt werden. Im Bereich Naturschutz und Landschaftspflege ist der Klimaschutz natürlich von herausgehobener Bedeutung, weil die Niederung über ein erhebliches CO_2-Potenzial verfügt, welches bei Austrocknung freigesetzt werden kann. Die Moore in Niedersachsen bilden mit circa einem Drittel des gesamten CO_2-Potenzials die größte Masse an Kohlenstoffdioxid, der durch konkrete Maßnahmen an der Freisetzung gehindert werden kann.

Diesem Ziel dienen die einschlägigen Projekte, die nach unserer Auffassung im Rahmen eines Naturparks auf Basis der einschlägigen Organisationsform am erfolgreichsten in Angriff genommen und umgesetzt werden können. Im Unterschied zu kommunalen Einrichtungen, wie den Unteren Naturschutzbehörden, kann ein Naturpark sich voll auf die Projektarbeit konzentrieren und somit effizienter arbeiten.

6. Wie sieht die heutige Nutzung der Region aus?

Moorflächen werden sehr unterschiedlich genutzt. Zudem ist die Nutzung abhängig von dem Schutzcharakter der Flächen. Die großen Naturschutzgebiete in der Hammeniederung zwischen Hamme, Beeke und der Stadt Osterholz-Scharmbeck werden kaum landwirtschaftlich genutzt, hier wäre es sinnvoll, Vertragsnaturschutz mit Landwirten zu vereinbaren. Damit kann und soll eine Verbuschung und Verkrautung verhindert werden. Landschaftsschutzgebiete sind eingeschränkt in ihrer Nutzung, z. B. in der Ortschaft Teufelsmoor. Hier ist ein partnerschaftliches Abstimmen der Bewirtschaftung sinnvoll. Aber die Landwirtschaft ist nur geringen Einschränkungen unterworfen.

Große Flächen z. B. zwischen Neu St. Jürgen, Tarmstedt und Gnarrenburg stehen nicht unter Schutz und werden häufig intensiv genutzt. Hier sind Gespräche mit den Eigentümern zur Extensivierung denkbar. Weitere Flächen in Richtung des LK Rotenburg werden intensiv, fast industriell von Eigentümern großer Ländereien genutzt, u. a. auch durch Maisanbau für Biogasanlagen. Eine Aufgabe für die Zukunft.

Auf abgetorften Flächen in Gnarrenburg soll wieder Grünland bewirtschaftet werden, um die Familienbetriebe zu halten. Gleichzeitig soll eine gewisse Vernässung vorgenommen werden, um die CO_2-Emissionen zu begrenzen. Ein Projekt wird betrieben von der Landwirtschaftskammer Bremervörde, die Ergebnisse sind bisher hinter den Erwartungen zurückgeblieben.

Grundsätzlich ist die Grünlandbewirtschaftung die Regel in Moorgebieten, der Ackerbau die Ausnahme. Generell ist die landwirtschaftliche Bearbeitung der Flächen wirtschaftlich nicht mit „wertvolleren" Böden vergleichbar, wie z. B. Marschböden, aber wünschenswert und notwendig, um die bäuerlichen Strukturen und das Landschaftsbild zu bewahren.

7. Welchen Nutzen hat ein Naturpark Teufelsmoor?

Der Naturpark versteht sich auch als Partner der Landwirte. In Form eines kooperativen Naturschutzes sollen Nutzungen oder Projekte diskutiert und verwirklicht werden, die von allen Beteiligten akzeptiert werden. Naturschutz soll demnach nicht ordnungspolitisch über die Köpfe der Betroffenen hinweg entschieden, sondern partnerschaftlich entwickelt werden. Das erfordert Bereitschaft auf allen Seiten, auch die Bereitschaft der Naturschützer, die Interessen der Landwirte anzuerkennen und ggf. zu berücksichtigen. Und die Bereitschaft der Landwirte, den Naturschutz als berechtigt und notwendig anzuerkennen.

Der Naturpark kann das Erreichen dieses Ziels durch seine konkrete Arbeit erleichtern, insbesondere, wenn dabei Vorteile für Landwirte erreicht werden, z. B. durch materielle Ausgleiche und Absicherungen wie im Vertragsnaturschutz oder bei der Finanzierung von Pflegevereinbarungen.

Eine Symbiose von Interessen der Landwirtschaft einerseits und der Bürger und Erholungsuchenden andererseits kann durch die Förderung von Melkhus', von Hofläden und von Kommunikationssystemen

(Apps) entstehen, die die Erholungsuchenden nutzen und gleichermaßen den Landwirten geldwerte Vorteile bringen. Der Naturpark kann systematische Hilfen für die Identifizierung und das Finden der Einrichtungen gemeinsam mit den kommunalen Tourismuseinrichtungen geben.

8. Welche Gegenwehr gibt es?

Erfreulicherweise ist die Akzeptanz des Naturparks Teufelsmoor kontinuierlich gewachsen. Das äußert sich auch in den Zustimmungen der Gemeinderäte und der Kreistage, die Voraussetzung für die Zulassung des Naturparks sind. Aber es wird noch viel Arbeit erforderlich sein, um zu dem Ziel zu kommen: In Bremen ist zwar die formale Zustimmung hergestellt worden, es muss aber noch ein Beschluss der Bürgerschaft gefasst werden. In Grasberg ist die Mehrheit des Rates gegen den Naturpark, in Ottersberg konnte bisher keine Akzeptanz der Landwirte erreicht werden, um den Widerstand der Kreisverwaltung zu überwinden. Und es müssen Finanzierungsvereinbarungen getroffen werden, die einen Haushalt des Naturparks von jährlich circa 300.000 Euro absichern, wovon 100.000 Euro vom Land Niedersachsen beigesteuert werden sollen.

9. Welcher ökonomische Nutzen ergibt sich daraus?

Erfahrungen anderer, existenter Naturparke belegen, dass das Basisbudget von circa 300.000 Euro um das Fünffache pro Jahr durch Fördergelder zur Finanzierung von Projekten aufgewogen werden kann, also einer Fremdfinanzierung bis zu 1,5 Millionen Euro Projektförderungen pro Jahr. Diese Gelder würden von Land, Bund, EU oder über Stiftungen in die Region fließen und stellen den materiellen Zusatznutzen/Mehrwert des Naturparks dar. Soziale Gerechtigkeit kann durch einen Naturpark nur schwer erreicht werden. Im Gegenteil – zwar werden Arbeitsplätze geschaffen, aber über die Projektarbeit sind diese nur befristet finanzierbar, also mit sozialer Unsicherheit verbunden.

10. Welche Auswirkungen hat der Naturpark auf die Lebenswirklichkeit?

Es muss das Ziel eines Naturparks sein, die Wahrnehmung der Lebenswirklichkeit der hier lebenden und arbeitenden Menschen zu verbessern und positiv zu beeinflussen. Das kann durch eine Stärkung der Verbundenheit der Menschen mit ihrer Region, ihrer Natur geschehen, also einer Stärkung der Identität. So etwa durch einfach verbesserte Bedingungen der Naherholung, durch systematisch angelegte Rundwege für Fußgänger, Wanderer, Radfahrer oder Wasserwanderer. Durch schnelle Informationsbeschaffung über Apps.

Das schließt aber auch die Lebenswirklichkeit der Landwirte ein, die heute von Existenzängsten geprägt ist. Da helfen nicht gute Worte, sondern gefragt ist konkretes Handeln, gemeinsam mit politischen Gremien auf Landes- und Bundesebene, um die Lebensgrundlage der Landwirtschaft in unserer Region zu sichern. Ohne Landwirte kann unsere Kulturlandschaft in ihrer heutigen Form nicht erhalten bleiben. Das bedeutet auch, dass die ordnungspolitischen Entscheidungen der politischen Organe zur Ausweisung von Natur- und Landschaftsschutzgebieten mit Leben gefüllt werden, dass in diesen Gebieten Pflege- und Entwicklungsmaßnahmen durchgeführt werden, die für jeden sichtbar zu Verbesserungen der Lebenswirklichkeit von Tieren, Insekten und Pflanzen führen. Und dazu gehört eine praktische Klima-Arbeit, die zwar „nur" auf regionaler Ebene, aber immerhin dort zu einer Reduzierung der CO_2-Emissionen führt.

11. Wann wird der Naturpark eingerichtet?

Wir hoffen, im Jahr 2023. Das setzt voraus, dass noch im Jahr 2022 Einvernehmen erzielt wird in folgenden Fragen: Welche Gemeinden/Landkreise/Bundesländer sollen dem Naturpark Teufelsmoor angehören? Strittig ist diese Frage aktuell in Ottersberg und Grasberg, offen sind die politischen Entscheidungen in den Räten von Bremervörde und Tarmstedt. Strittig ist, ob die Bremer Schweiz zum Naturpark gehören soll, konkret die Ortsteile Leuchtenburg, Löhnhorst und Eggestedt der Gemeinde Schwanewede. Soll der Naturpark für die gesamte Region, einschließlich Bremens und der Kommunen im Landkreis Rotenburg gebildet werden oder zu Beginn nur für die Kommunen des Kreises Osterholz? Verfügt der geplante Naturpark über mindestens 40 Prozent Anteile an Naturschutz- und Landschaftsschutzgebieten?

Außerdem muss von Seiten der Gemeinden und Kreise der Satzung für den Träger des Naturparks zugestimmt und damit der Träger (ein Verein?) gegründet werden. Wer stellt den Genehmigungsantrag beim Umweltministerium in Hannover? Nach Auffassung des Fördervereins „Naturpark Teufelsmoor" sollte dieser den Antrag für die gesamte Region stellen.

Literatur- und Quellenverzeichnis

- Arbeitsgemeinschaft Dorfchronik Hüttenbusch, Heudorfer Bilderbogen, 2006, ASCO STURM DRUCK, Bremen
- Biota – Institut für ökologische Forschung und Planung GmbH, Machbarkeitsstudie (MBS) Aufwuchsverwertung die Artenvielfalt in der Kulturlandschaft Osterholz, Teilleistung Maßnahmenkonzept für Projektgebiet Wulfsburg, 2020 im Auftrag der Michael Succow Stiftung zum Schutz der Natur
- Blank, Melanie; Steffens, Johann u. a., Zukünftige Vermarktung der Teufelsmoorregion Gnarrenburg und der umliegenden Dörfer – Eine Gebietskulisse, Selbstverlag, Gnarrenburg 2021
- Bundesamt für Naturschutz, Natura 2000, Nationaler Bericht 2019 gemäß Vogelschutzrichtlinie, FFH-Richtlinie
- Hilfe für den Kiebitz – Praxishandbuch für Maßnahmen in Sachsen, Förderverein Sächsische Vogelschutzwarte Neschwitz e. V., Park 4, 02699 Neschwizt, 2019
- Landkreis Osterholz, Naturschutzgroßprojekt von gesamtstaatlich repräsentativer Bedeutung, Abschlussbericht, 2012
- Landkreis Osterholz, Sammelverordnung über Natur- und Landschaftsschutzgebiete im Bereich Hammeniederung und Teufelsmoor, Vorgang 2016/141-2
- Landwirtschaftskammer Niedersachsen, Modellprojekt Gnarrenburger Moor, Vorläufige Empfehlungen und Handlungsoptionen sowie Kernbotschaften aus dem Modellprojekt Gnarrenburger Moor, 12. 11. 2020, Autoren: Brümmer, Höper, Kruse-Dörgeloh u. a.
- Müller-Scheeßel, Karsten, Jürgen Christian Findorff und die kurhannoversche Moorkolonisation im 18. Jahrhundert, 2020 Verlag Atelier im Bauernhaus, Fischerhude
- Konukiewitz, Wolfgang; Weiser, Dieter (Hg.), Die Findorff-Siedlungen im Teufelsmoor bei Worpswede, 2012, Edition Temmen
- Bauamt Bremen-Nord, Christof Steuer (Hg.), Wätjens Park – ein Landschaftspark an der Weser, 1. Auflage, Bremen 2006

Danksagung

Ohne vielfältige Hilfe wäre es gar nicht machbar gewesen, das Buch zu schreiben. Es fing an mit Jürgen Streckfuss, der mich oft begleitete und häufig auch selbst fuhr, wenn es mir mal nicht so gut ging. Und seiner Frau Helga, die mehrfach Korrektur gelesen hat. Und Gerd Schmidt, der von Oberneuland bis zur Ortschaft Teufelsmoor dabei war.

Renate Warren hat das Lektorat vorgenommen, hoffentlich ist sie mir nicht böse, dass ich nicht alle Vorschläge übernommen habe, aber wer kennt schon endgültige Moor-Definitionen!

Ich möchte an dieser Stelle dem ganzen Vorstand des Naturpark-Fördervereins danken:

Christine Börnsen aus Ritterhude war mit mir dabei.

Jürgen Streckfuss und Gerd Schmidt bildeten mit uns ein „Küchen-Kabinett", was nicht jedem gefiel, aber sehr wirksam war.

Renate Warren und Volker Kullik sind beide aus Gnarrenburg, Volker ist bekannt und manchmal gefürchtet als exzellenter Biologe.

Alexander Keil stellte die Brücke von Borgfeld nach Bremen dar.

Rainer Sekunde als CDU-Kreistagsfraktionsvorsitzender baute zusammen mit seinem Kollegen Björn Herrmann von der SPD immer wieder die Brücken zur Kreisverwaltung Osterholz auf, wenn ich diese durch undiplomatische Bemerkungen beschädigt hatte.

Den Druck des Buches haben dankenswerterweise unterstützt:

- Landschaftsverband Stade
- Osterholzer Stadtwerke
- Gemeinde Gnarrenburg
- Volksbank Osterholz
- Fa. Gottfried Stehnke GmbH & Co KG, Osterholz-Scharmbeck

Die Deutsche Nationalbibliothek verzeichnet diese Publikation
in der Deutschen Nationalbibliografie; detaillierte bibliografische Daten
sind im Internet über http://dnb.dnb.de abrufbar.

www.schuenemann-verlag.de

1. Auflage 2022

Herausgeber: Förderverein Naturpark Teufelsmoor e. V.
Autor: Arne Börnsen
Gesamtherstellung: Carl Schünemann Verlag
Alle Abbildungen, sofern nicht anders angegeben: privat

Carl Schünemann Verlag – Corporate Media seit 1810
B2B-Anfragen: auftragsarbeiten@schuenemann-verlag.de
www.schuenemann-verlag.de

Printed in EU 2022 | ISBN 978-3-7961-1161-7